教育部人文社科青年基金项目（10YJC790419）研究成果
淮北师范大学学术著作出版基金资助出版

STUDY ON PERFORMANCE OF AGRICULTURAL TECHNOLOGY EXTENSION FROM FARMERS' ANGLE
— A CASE STUDY OF LEADING VARIETIES OF WHEAT EXTENSION IN ANHUI

基于农户视角的农业技术推广绩效研究
—— 以安徽小麦主导品种推广为例

庄道元 著

中国科学技术大学出版社

内 容 简 介

本书在对创新扩散理论、农户行为理论和农业技术推广绩效理论进行梳理之后，构建了从农户视角进行粮食作物主导品种推广绩效分析的研究框架。通过对淮河以北地区的埇桥、萧县、濉溪、烈山4个县(区)15个乡镇66个村的581户农民小麦品种选择及生产情况进行实地调研，运用经济计量模型对农户选择小麦主导品种的因素、主导品种增产效果及农户满意度水平进行了实证分析，最后提出了相关的对策与建议。

本书可供相关研究者及从业者阅读。

图书在版编目(CIP)数据

基于农户视角的农业技术推广绩效研究：以安徽小麦主导品种推广为例/庄道元著. —合肥：中国科学技术大学出版社，2013.3
ISBN 978-7-312-03134-2

Ⅰ. 基… Ⅱ. 庄… Ⅲ. 小麦—农业技术推广—研究—安徽省 Ⅳ. S512.1

中国版本图书馆 CIP 数据核字（2012）第 287707 号

出版 中国科学技术大学出版社
安徽省合肥市金寨路 96 号，230026
网址：http://press.ustc.edu.cn
印刷 安徽江淮印务有限责任公司
发行 中国科学技术大学出版社
经销 全国新华书店
开本 710 mm×1000 mm 1/16
印张 7.5
字数 155 千
版次 2013 年 3 月第 1 版
印次 2013 年 3 月第 1 次印刷
定价 20.00 元

作 者 简 介

庄道元，1972 年 10 月生，安徽宿州人，管理学博士，淮北师范大学管理学院副教授，电子商务教研室主任。1996 年本科毕业于安徽教育学院数学教育专业，1996～2002 年在宿州市曹村中学任教，2002～2005 年就读于江西农业大学农业经济管理专业，获管理学硕士学位，2008～2011 年就读于南京农业大学农业经济管理专业，获管理学博士学位，2005 年以来在淮北师范大学任教。多年以来一直从事农业经济问题的研究，主持或参与多个省部级项目，在《软科学》、《统计与决策》等刊物上公开发表学术论文二十余篇。

序

2012年中央一号文件《关于加快推进农业科技创新,持续增强农产品供给保障能力的若干意见》中明确指出,实现农业持续稳定发展,长期确保农产品有效供给,根本出路在科技。农业科技是确保国家粮食安全的基础支撑,加快农业技术的创新与推广是我国发展现代农业的决定力量,是突破资源环境约束、保障我国粮食安全的必然选择。近年来,我国不断加大对农业科技研发的投入,科技成果的质量和数量均保持快速增长,但科技成果的转化率和产业化率仍然偏低,农业科技推广效果不够理想。我国政府一直高度重视农业技术的推广工作,不断推进农业技术推广体系的改革。2005年之后,政府相继出台了多个加快推进基层农业技术推广体系改革的相关文件,着手理顺以农户需求为出发点的农业技术推广思路,确保农业技术推广在促进我国农业发展、确保粮食安全方面发挥支撑作用。因此,农业技术推广体系的改革问题就成为决策层和学术界共同关注的问题。

品种是农业生产最基本、最重要的生产资料,加快优质良种的推广是农业增产增收的关键因素。目前我国种子企业数量多、规模小,种子经营者之间的无序竞争导致了种子市场较为混乱的局面。为了引导农户采用优质良种,国家自2005年开始实行主导品种推介制度,并通过科技入户示范工程、良种补贴等措施来提高广大农户使用主导品种的积极性。而作为作物品种的最终采用者,农户是否选择政府推介主导品种、其增产效果如何、农户满意度如何均是衡量农业技术推广绩效的重要标准。在这一背景下,从农户视角来分析主导品种的推广及绩效就显得尤为必要,这也是推广农作物品种之前必须要知道和回答的问题。

庄道元博士所著的《基于农户视角的农业技术推广绩效研究——以安徽小麦主导品种推广为例》一书,是在他博士论文基础上完成的。他本人对农民生活、农业生产的情况非常熟悉,作为他的指导老师,我在和他一次次的交流中感受到了他对农业经济研究的热爱、在研究思路上的日益成熟、在研究方法以及学术上的成长。该书是以小麦主体品种为载体对农业技术推广绩效问题进行的探讨，作者首先从理论上对农业技术推广相关问题进行了分析，然后根据皖北地区的埇桥区、萧县、烈山区、濉溪县四个县区的调查数据，利用经济计量模型对农户选择主导品种的因素、主导品种增产效果、农户满意度三个方面进行实证分析，结果表明小麦的主导品种虽然具有明显的增产效果，但依然存在采用率不够理想、农户满意度不高等方面的问题，作者最后提出了一系列具有建设性的政策建议，包括：① 完善我国植物新品种保护制度，加快推进种业的优化组合，切实提高原始创新能力是品种技术顺利推广的关键；② 严格主导品种筛选，完善责任追究制度是主导品种推广的保障；③ 进一步推进农业技术推广体系改革，完善农业技术推广人员的激励机制是提高农业技术推广绩效的必要条件。全书研究思路清晰，调研方法科学，模型选择恰当，结论真实可靠，政策建议也具有较强的针对性与可操作性。该书的出版丰富了我国农业技术推广绩效的研究成果，也为农业部门制定农业技术推广政策提供了学术依据。

取得博士学位是一个研究者从事科学研究的重要起点。该书的出版也表明了作者的科研水平又上了一个新台阶。希望本书能够为关注农业技术推广问题的理论研究者和实际工作者提供参考，也希望作者今后能在农业经济领域的研究取得更加丰硕的成果。

南京农业大学经济管理学院
陈　超
2012 年 12 月 10 日

目　　录

第1章　导　论

1.1　研 究 背 景

粮食安全是社会稳定、经济发展的基础，关系国家全局。我国政府一直高度重视粮食安全问题，鉴于粮食商品的特殊性及我国粮食需求量巨大的特点，我国政府制定了立足国内解决粮食问题的战略方针。近年来，我国政府采取了多项措施来调动农民的种粮积极性并取得了巨大成就，2010年，全国粮食实现七年连续增产，总产量近0.55万亿公斤。然而，从长远来看，我国粮食安全问题依然较为严峻，三大不可逆转因素制约着我国粮食安全问题：一是耕地面积减少。我国人均耕地1.2亩，仅为世界人均值的1/4，而且我国耕地质量退化问题严重，耕地中有近2/3是中低产田(魏正果，1994)，随着工业化、城镇化进程的加快，耕地面积减少的趋势难以扭转。二是水资源短缺。我国人均水资源仅为世界人均水平的1/4，而且分布不均，水土资源不匹配制约了粮食产量的提高。三是粮食需求量快速增长。我国人口持续增加，预计到2030年会达到16亿的峰值，养殖业及工业(如生物乙醇等)的发展也对粮食产生巨大需求，在较长时期内，我国粮食供求关系将处于偏紧的状态。农业部部长韩长赋指出，尽管我国粮食连续丰收，但仍然处于紧平衡状态，若要满足2020年的粮食总需求，今后10年，每年至少要增产粮食40亿公斤，确保国家粮食安全的任务依然十分艰巨。

科技进步是我国过去粮食生产的原动力，而且将继续在我国未来粮食生产中起决定作用(黄季焜，1998)。在耕地规模的刚性约束下，依靠科技进步提高粮食单产是解决我国粮食安全的根本途径。然而，我国农业技术转化效果并不理想，每年科技成果6000多项，被大面积推广应用的仅为30%～40%，科技进步贡献率仅为40%左右，与发达国家60%以上的贡献率有较大差距。加快农业技术推广、提高科技贡献率是我国农业技术推广部门的一项重要任务。一粒种子可以改变世界，农作物品种是高科技产品，对粮食生产影响巨大，优良品种的研制与推广对保障国家粮食安全具有重大意义。

随着1997年《中华人民共和国植物新品种保护条例》及2000年《种子法》的颁布实施，我国农业领域的知识产权保护制度得到不断完善，育种者的合法权益得到了有效的保障,新品种推广体系也逐步从计划经济向市场经济转型,从而大大激发了科研单位与种子企业进行育种创新的积极性。1999～2010 年,我国植物新品种权申请数量达 6632 项,授权 2984 项,其中大田作物占绝大多数,申请 5733 项,授权 2765 项,光水稻申请数就达到 1945 项,授权 1005 项,水稻品种平均每年获得授权数 83 项;普通小麦品种权申请 583 项,授权 253 项,平均每年授权品种达到 21.08项。

我国种子企业近年来得到了迅速发展,但其经营规模、科研实力与发达国家相比都存在较大差距。按照现行《农作物种子生产经营许可证管理办法》,注册资本 500 万元以上的种子企业可以在省级范围内生产种子,注册资本达到 100 万元就可以代理销售种子。国内获得生产经营许可证的种子企业现有 8700 多家,但没有一家市场份额达到市场总量的 5%。国内注册资本在 3000 万元以上的企业仅 200 多家,具有产业化能力的不足 80 家。2006 年,国内前 10 强的种子企业销售总额 48 亿元,相当于全球 10 强销售额的 6%,只相当于孟山都公司销售额的 22.0%。而且,国外农作物品种研发的 70%是由种子企业自身完成的,而国内 90%的农作物品种都是由科研院所完成的,具有研发功能的种子企业只有 100 多家。种子企业数量多、规模小、竞争力不强使得作物品种种类繁多、良莠不齐,广大农户在众多品种面前常常会感到无所适从。

国家高度重视粮食作物优质良种的推广工作。在品种市场"多、乱、杂"的情况下,为了给农民提供客观可靠的信息,有效引导农民应用农业新品种,更好地促进农业生产稳定发展,我国政府从 2005 年开始实行主要农作物品种推介发布制度,实行好中选优、集中宣传的方式推介适宜的农业品种,同年农业部制定了《农业主导品种和主推技术推介发布办法》,为主导品种的推广提供了政策支持。而且,农业部在《关于做好 2010 年农业主导品种和主推技术遴选推荐工作的通知》中强调,2009 年开始,主导品种和主推技术的遴选推广工作将作为基层农技推广体系改革与建设示范县项目实施的重要内容和考核的重要指标。各个省市也分别制定了主导品种、主推技术的推广办法,如江苏省农业委员会于 2009 年 11 月下发了《关于开展主要农作物主推品种、主推技术、主推配方肥、主推农药推介发布工作的意见》,通过加强和规范主要农作物主推品种、主推技术、主推配方肥、主推农药(简称"四主推")推介发布工作,更好地发挥农业科技在农业增产、农民增收中的作用。

1.2 问题的提出

品种是影响粮食产量最重要的因素,粮食作物品种每次更新都会使产量增加 10%～20%。农业部软科学委员会课题组(2002)研究表明,在 1978～1996 年的 18

年间，优质良种在粮食增产技术中的贡献率达到33.8%。主导品种推介制度是引导广大农户选择优质良种、促进粮食生产的重要手段，也是各级农业技术推广部门的工作重点。然而，相关研究表明，主导品种覆盖率依然不高，郭霞(2008)通过对江苏南部、中部及北部的小麦种植户进行调查发现仅有50%的农户选择政府推介主导品种；王秀东(2008)对山东、河北、河南三省八县农户小麦新品种选择方面进行研究，结果表明当地政府推介及良种补贴对农户新品种选择影响不够显著，究竟是哪些因素制约了农户对政府推介主导品种的采用？农户对主导品种推介制度的满意度怎样？农户采用主导品种的增产效果如何？对这些问题进行回答不仅是对主导品种推介制度绩效的客观评价，而且是推进农业技术推广体系改革的基础。

农户是我国农村最重要的生产经营单位，具有独立自主的生产决策权，《中央财政农作物良种补贴资金管理办法》第二章第六条规定，各级农业部门应按照尊重农民意愿、遵从品质优先、遵守市场公开的原则，积极引导农民在发布的品种目录内选择使用农作物良种，不得采取强制方式干预农民自愿选种。农户不仅是农业技术推广的对象，也是评价农业技术推广绩效的主体，从农户视角来分析农业技术推广绩效具有一定的客观性。小麦是我国最为重要的粮食作物之一，不仅种植面积占我国粮食作物总面积的22%，产量占粮食总产量的20%以上，而且还是我国重要的商品粮、战略储备粮品种，在当前我国粮食消费中，小麦占到了43%左右，小麦在国家粮食安全中的地位越来越突出。安徽省是国家粮食主产区、小麦主产省，以安徽省小麦主导品种为载体进行粮食作物主导品种推广绩效的研究具有较强的代表性。

1.3　相关概念的界定

农业技术推广：农业技术推广是指农业技术人员通过有目的的宣传活动，把新技术的特征、特性传递给农民，引导农民采纳新技术，并将新技术具体操作过程与规范传授给农民(许无惧，1998)。农业技术推广概念有广义与狭义两种，广义的农业技术推广不仅指通过推广耕作方法和技术来增加产品效益和收入，而且更加注提高重生活水平和农村社会教育水平；狭义的农业技术推广是一种单纯以改良农业生产技术为手段、提高农业生产水平为目标的农业推广活动。本书中的农业技术推广指的是狭义的农业技术推广。

主导品种：农业部2004年发布的《农业主导品种和主推技术推介办法》中指出，主导品种是指增产潜力大、适应性广、抗性强、品质优、产量高的品种，它是各地反复筛选出来的优良品种，是由市、县农业行政主管部门根据本地农业生产实际推荐上报，省里组织征求专家意见，择优推介的品种。主导品种坚持可进可出、动态管理的原则，生产上表现不好的要及时淘汰，向广大农户推介主导品种是农业技术人员推广的重点内容。

农业技术推广绩效：农业技术推广绩效内涵较为丰富，包括社会、经济、环境等多个方面，目前为止没有形成统一的衡量推广绩效的指标体系。根据农业技术推广的根本目的就是通过试验、示范、培训、指导以及咨询服务等把农业技术普及应用于农业生产，从而使农民增收和农业增效，本书认为农户对推广品种与技术的采用状况、增产效果及满意度水平可以在一定程度上衡量农业技术推广的绩效。

农业技术推广绩效评价：农业技术推广绩效评价就是运用一定的指标和方法，依据一定的标准对农业技术推广结果以及达到推广目标的程度所进行的客观评判（李友华，2008）。

植物新品种：目前研究中的新品种主要有三种含义，一种是经过人工培育的或者对发现的野生植物加以开发，具备新颖性、特异性、一致性和稳定性并有适当命名的植物品种；另一种是上市不久的品种；第三种是将农户第一次采用的品种称为新品种。本书中的新品种主要是指上市不久的品种。

1.4 研究目标、内容和假说

1.4.1 研究目标

2004年12月，农业部制定和颁布了《农业主导品种和主推技术推介发布办法》，2005年开始在全国范围内向广大农户推广主导品种与主推技术。本书在此背景下，以安徽省小麦为例，从农户小麦主导品种的采用、增产效果及满意度水平三个层次对粮食作物主导推广绩效进行考查，试图了解作物主导品种推广现状并分析其制约因素，为提高我国农业技术推广水平、深化农业技术推广体系改革提供决策基础。具体研究目标如下。

目标1：通过深入调查，掌握目前农户小麦品种技术需求及采用情况，探求其变化趋势，为进一步做好农业技术推广及农业技术研究工作提供决策依据。

目标2：粮食作物主导品种推广是基层农业技术推广部门工作的重点，农户是否采用政府推广的主导品种是衡量其推广绩效的一个重要标准，本书通过实地调查，掌握农户主导品种的采用状况，并利用 Logit 模型对其影响因素进行实证分析，提出相关对策与建议。

目标3：农户是农业技术推广对象，农户的满意程度是衡量作物主导品种推广绩效的一个重要标准。本书通过农户对品种质量、农技员服务及良种补贴等内容的满意度调查，利用因子分析法确定各指标的权重，最终计算出农户整体评价水平，借助四分图模型确定主导品种推广各环节在总体评价中的地位与作用，为确定农业技术推广工作的重点提供参考。

目标4:提高粮食产量是主导品种推介工作的根本目的之一,对影响粮食产量的因素进行分析,特别是主导品种是否具有明显的增产效果是本书分析的一个重点内容,本书将利用调研数据,借助扩展的C-D生产函数对此进行实证分析。

1.4.2 研究假说

为了实现以上研究目标,本书提出了以下假说。

假说1:农户小麦品种技术需求受多种因素影响,不同类型农户需求具有明显差异。

假说2:农户采用主导品种的行为受多种因素影响,农技员服务对其有显著正向影响。

假说3:农户对目前主导品种推介工作整体满意度不高,不同项目评价具有较大差异。

假说4:小麦产量受生产技术及投入要素的影响,政府推介的主导品种对小麦产量具有较为显著的影响。

1.4.3 研究内容

全书共分9章。第1章主要介绍了研究背景、问题提出、研究目标、研究假说及技术路线;第2章对农业技术推广理论、农户行为理论及技术扩散理论进行介绍,并对相关文献进行评述;第3章对政府参与良种推广的必要性及绩效进行理论上的分析;第4章介绍安徽省小麦生产状况及小麦品种的变革情况;第5章对农户品种技术需求状况进行描述性统计;第6章利用Logit模型对影响农户主导品种选择行为的因素进行实证分析;第7章是对基于农户满意度视角的推广绩效进行分析;第8章是对主导品种增产效果进行实证分析;第9章为结论与对策。

主要研究内容具体陈述如下。

研究内容1:对农户小麦品种技术需求、种子来源及品种更新等内容进行统计分析,以了解现阶段农户小麦品种需求的变化趋势,为农业技术推广及品种研究工作提供参考。

研究内容2:对影响农户选择小麦主导品种的因素,包括农户资源禀赋、户主特征、农技员推广行为、农户认知水平等进行理论与实证分析。

研究内容3:通过对农户满意度的问卷调查,计算出农户对主导品种推介的整体满意度水平,并通过经济模型确定各环节的贡献及重要性,为目前农业技术推广工作指明工作重点。

研究内容4:实证分析各技术因素及投入要素对小麦产量的影响,通过验证主导品种对小麦生产的增产作用,来衡量农业技术推广的增产绩效。

1.5 数据来源及研究方法

1.5.1 数据来源

本书数据主要来源于统计年鉴与实地调研数据：

第一，安徽省粮食及小麦历年生产状况主要通过查阅以下统计年鉴得到：国家粮食局编，《2009年中国粮食年鉴》；国家统计局农村社会经济调查司编，《中国农业统计资料汇编1949～2004》；国家统计局农村社会经济调查司编，历年《中国农村统计年鉴》。

第二，实地调研数据。安徽省是粮食主产区、小麦主产省，其小麦生产主要集中在淮河以北地区，因此，本书以淮河以北地区的墉桥、萧县、濉溪、烈山等四个县（区）作为调查范围，利用当地在校大学生放假回家的有利时机进行问卷调查，在一定程度上保证了调查结果的可靠性。

第三，已发表论文中的数据。

1.5.2 研究方法

本研究采用规范分析与实证分析相结合、理论分析与计量模型分析相结合、归纳分析与演绎分析的研究相结合的研究方法，根据经济理论构建研究框架、设计经济模型、提出相关研究假说，最后通过实地调研数据进行验证，得出结论并针对问题提出具有针对性的对策与建议。具体如下：

1. 社会调查法

农户小麦主导品种的选择、采用及对农业技术推广工作评价是本书的重点，其研究需要大量的一手调研数据，因此，需要用社会调查法进行获取。首先要确定调查地点，以淮河以北地区的墉桥、萧县、濉溪及烈山等四个县（区）为调查地点；其次是样本户的选取，鉴于四个县（区）经济及自然条件较为接近，因此，农户采取随机抽样的方法进行。

2. 二元选择模型

农户对主导品种的选择只有选或不选两种可能，这种情况下使用二元选择模型（Binary Choice Model）较为适合。常用的二元选择模型有Probit模型、Logit模型、Extreme模型。因为Logit回归具有不要求变量满足正态分布，可以选择更多的解释变量来增强模型的预测精度，而且变量的选择范围更广的优点（金成晓，2008），所以本书采用Binary Logit模型对影响农户选择主导品种的因素进行分析。

3. 柯布-道格拉斯生产函数

柯布-道格拉斯生产函数(Cobb-Douglas Production Function)是计量投入产出最常用的生产函数,它是由美国数学家柯布(C. W. Cobb)和经济学家保罗·道格拉斯(Paul H. Douglas)根据美国1899～1922年历史资料,探讨投入与产出关系时创造的函数。柯布-道格拉斯(C-D)生产函数在经济计量学与数理经济学上都占有十分重要的地位。小麦产量除了受耕地、种子、化肥、农药、机械、资本等投入要素的影响外,还受到品种、施肥等生产技术的制约,因此,本书采用扩展的C-D生产函数对影响小麦产量的因素进行实证分析。

4. 因子分析法

目前常用的确定权重的方法有层次分析法、主观赋值法、客观赋值法、德尔菲法、因子分析法、相关分析法等,本书采用因子分析的方法获取各指标权重。因子分析法,又叫因素分析法,是通过寻找众多变量的公共因素来简化变量中存在的复杂关系的一种统计方法,它将多个变量综合为少数几个"因子"以再现原始变量与"因子"之间的相关关系。通过因子分析可以确定农户对不同内容评价在总体评价中的权重,并最终计算出农户对主导品种推介制度的整体评价。

5. 四分图模型分析法

四分图模型又称重要因素推导模型,是一种偏向于定性研究的诊断模型,通过该图可以较为直观地显现出农户对各类指标的评价水平及其在总体满意度中的重要程度。本书中重要性用各指标在总满意度核算中的权重来表示,满意度所用指标为农户对各项目满意度评价的平均值。

1.6　调查方式、问卷设计与技术路线

1.6.1　调查方式

1. 调查地点

样本选取的方法很多,常用的有简单抽样、整群抽样、分层抽样等方法,由于安徽省小麦生产主要集中在淮河以北地区,因此,本研究选取宿州市的埇桥区、萧县及淮北市的濉溪县、烈山区为研究重点区域,同时,由于样本县市经济发展水平较为接近,因此,本书主要通过随机抽样的方式来获取农户数据,利用在校大学生放假回家的有利时机对其所在村组进行调查。

2. 调查方式

在调查方法上,有访谈法和自填问卷两种方式,其中访谈法包括直接访谈和间接访谈。直接访谈通过与被调查者面对面交谈的方式来获取所需要的信息,这种

方式可以进行双向沟通，有利于更深入地体会到受调查者的主观意愿，往往会获得更多较为重要的相关信息；由于农户文化水平不高、理解能力有限，通过调查人员的讲述，问题回答较为准确，但这种调查方式需要大量的人力物力，所用成本较高。间接访谈是访问者借助于某种工具对被访问者的访问，如电话访问、网上调查等。电话调查的方式较为方便快捷，比较适合问题较为简短、被调查者素质相对较高的情况，但是电话调查容易受到时间及内容的限制，而且会由于容易被受访者挂断而使调查难以完整进行。自填问卷是一种最为快捷、节省人力的调查方式，但是较容易产生漏题及误解出题意图等问题，最终导致调查效果不够理想，特别是对文化素质不高的广大农户，采用自填式调研方式，不能够保证调查数据的质量。鉴于以上三种调查方式的优缺点及适用对象，本书对农户主要采用直接访谈的调查方式，通过积极动员与培训当地在校大学生直接参与调研活动，利用熟人关系进村入户，从而保证了调研数据的可靠性。

1.6.2 问卷设计

农户行为是本次调研的重点，农户问卷包括四部分内容，第一部分是农户基本情况，包括户主的年龄、受教育程度、经营规模、农业收入、是否为示范户等基本信息；第二部分是农户小麦品种选择情况，包括农户品种信息来源，小麦品种采用、更换情况及与农技员联系情况等内容；第三部分是农户2009～2010年度小麦生产状况，包括农户在小麦生产中土地、品种、化肥、资金等要素投入及病虫害防治、精确定量施肥、播种等技术采用情况，主要目的在于分析投入要素及品种因素对小麦产出的影响；第四部分是农户对小麦主导品种推广的满意度分析，包括对宣传效果，小麦种子质量，农技人员指导次数、指导时间、指导内容等方面的评价，采用李克特量表方式来反映农户对小麦主导品种推介制度的主观评价。

1.6.3 技术路线

技术路线如图1.1所示。

1.7 本研究的创新与不足之处

1.7.1 创新之处

1. 研究视角新

以往对农业技术推广绩效的研究主要集中在农业技术推广体制及运行机制上，主要从宏观的视角来研究推广绩效，而对农户的主体地位重视程度不够，本书

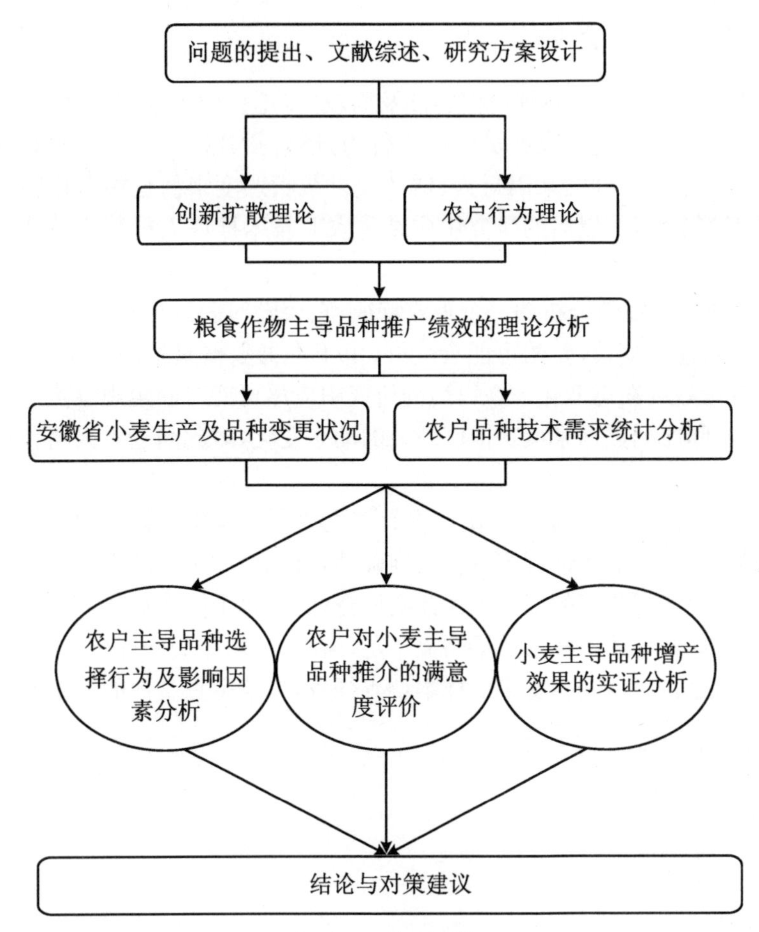

图 1.1 技术路线

从农户视角来研究农业技术推广绩效是对前人研究的有益补充。

2. 研究内容新

品种技术是决定农业生产的关键因素，主导品种是农业技术人员推广的重要内容，本书以小麦主导品种的推广为载体进行农业技术推广绩效的研究，使评价内容更加具体，在一定程度上避免了农业技术推广绩效研究中常常出现的较为空泛的问题。

3. 研究方法新

本书在对主导品种推介制度满意度评价中还借鉴美国顾客满意度(Customer Satisfaction Index，简称 CSI)研究方法，通过农户对小麦主导品种宣传效果、质量、农技员服务、良种补贴四个层面十项指标满意度的调查数据，利用因子分析确定各指标的权重，计算农户的满意度水平，并且利用四分图模型对各项目的满意度及重要性分别进行了分析。

1.7.2 不足之处

(1) 农业技术推广绩效评价内容涉及面较广，不仅包括经济效益，还包括社会效益、生态效益，不仅包括农技员的推广行为，还包括其推广结果。本研究仅从农户视角以小麦主导品种的采用行为、增产效果及满意度来衡量粮食作物主导品种推广绩效不够全面，在以后的研究中应结合农业技术推广人员行为对此作进一步的完善。

(2) 动态性是绩效分析的一个重要特征，它会随时间的推移而发生变化，原来较好的绩效可能会变差，差的可能会变好，由于本书数据只采用一年的截面数据，没有考虑到绩效的动态变化。在以后的研究中应尽可能对固定观察点进行跟踪调查，通过其时间序列数据来反映推广绩效的动态变化，对此问题本人将作进一步的探索。

(3) 样本数量略显不足。本次调查数据主要利用大学生假期回家的有利时机进行数据的获取，为了保证调查数据的准确性，首先对样本点的大学生进行了动员及培训，并选取认真负责的同学担任此次调查任务，每个同学负责调查的样本数量不超过5个，这样导致了样本数量略显不足。在今后的相关研究中，在学生调查能力有所提高之后，可以安排更多的样本调查任务，以获得更全面的数据。

第2章　理论回顾与文献综述

2.1　基本理论回顾

2.1.1　农业技术推广理论

当今世界上，不同国家对农业推广概念的理解有很大的差别，在英国、德国，农业推广被视为咨询工作；在法国，农业推广更加强调知识的转化，就是将农业研究成果作为知识，将其通俗化，从而传授给民众；在西班牙，推广也指培训，目的在于提高人们的技能；在美国，推广是指非正规的校外推广教育（高启杰，2008）。我国不同的文献对农业推广的理解也不尽相同，总的来说，推广有广义与狭义两种概念，狭义的农业技术推广，是一种单纯以改良农业生产技术为手段，以提高农业生产水平为目标的农业推广活动；广义的农业技术推广不仅是通过推广耕作方法和技术来增加产品效益和收入，还注重提高生活水平和农村社会教育等方面的内容，本书所指的是狭义的农业技术推广，指使用试验、示范、宣传、指导以及咨询等手段，将所取得的农业科技成果向农业生产实践转移和扩散，应用于农业生产产前、产中、产后全部过程的活动，它是联系农业科学技术研究、生产技术开发与农业生产实践的桥梁。

推广从本质上讲，是一种技术扩散过程，是推广机构使推广对象自愿改变行为而进行的一种专门交流过程（Swanson，1989）。奈尔斯·罗林（1992）认为农业技术推广是一种有目的、有组织的自觉行为，通过这种行为来扩大新技术的采用率，以达到增加农业生产产量和经济效益的目的，因此，创新扩散理论与推广对象行为改变理论是农业推广理论的重要组成部分。从农业推广发展的基本趋势及农业推广学的研究进展来看，现代农业推广学理论是建立在一种行为科学理论的基础之上的，因此行为科学与管理科学是农业推广学理论结构的核心。农业技术推广的对象是广大农村居民，农户行为理论是农业技术推广的理论基础，下面就创新扩散理论与农户行为理论的基本内容进行说明。

2.1.2 创新扩散理论

1. 创新的概念

农业推广的中心问题之一就是创新的采用与扩散。对于某个推广对象来说，创新是主观上的新的东西，可以是新的技术、品种，也可以是新的方法、思想或者是新的材料来源。考虑到推广的目的，我们感兴趣的是它应该有助于解决推广对象在特定时间、地点与环境下的生产中所面临的问题，满足生产对象的需要，因此，这里所说的创新并不一定是客观上的创新，只要是有助于解决问题与推广对象生产与生活有关的各种实用技术、知识与信息都可以理解为创新(高启杰，1997)。

2. 创新扩散曲线

创新扩散是指某项创新在一定的时间内，通过一定的渠道，在某一社会系统的成员之间的传播过程(Rogers，1995)。由创新扩散的定义可以看出，创新扩散有四个要素，即创新、传播渠道、时间以及社会系统。借助扩散曲线可以形象地理解创新的扩散过程，扩散曲线是一种以时间为横坐标，以一定时间内扩散规模为纵坐标画出的曲线。根据扩散的速度不同一般会呈现两种不同的形状，一种是 S 形扩散曲线，如图 2.1(a)所示，在扩散的初期采用率很低，随着时间的推移采用者不断增加，当另一种新的技术出现以后，该技术的采用率会呈现下降的趋势。另一种是 J 形扩散曲线，如图 2.1(b)所示，当有些创新在扩散的初期采用率一直徘徊不前，而到了后期采用率会迅速增加，其轨迹呈现为 J 形扩散曲线。这是创新扩散的一般规律，不同的创新或同一创新在不同时间、地点表现会有差异，扩散曲线的倾斜度、最高点等都会有所差异。

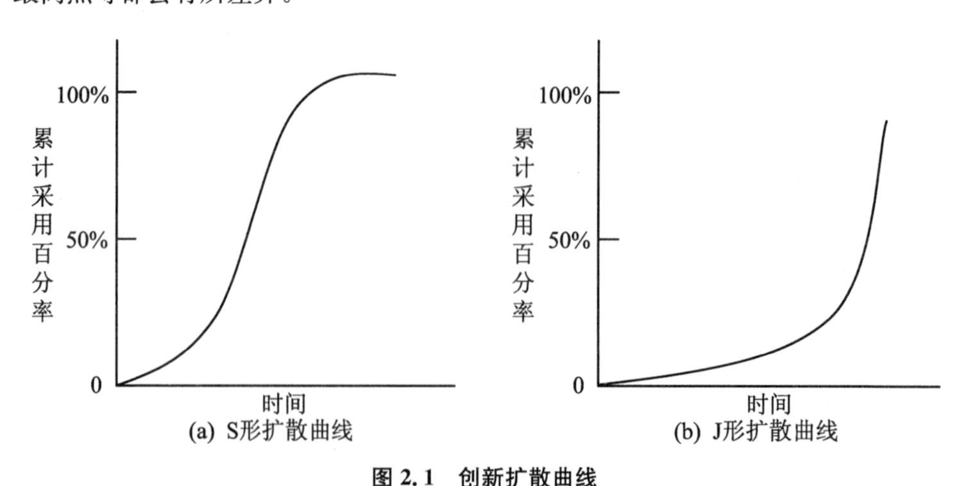

图 2.1 创新扩散曲线

3. 创新扩散不同阶段

由扩散曲线可以看出某项技术的扩散的基本趋势与一般规律，如果把扩散规模看成是采用者的非累计数，通常可以画出一条波浪形曲线以显示创新在不同阶段的采用者的数量变化情况。首先采用某项创新的人称为创新者，从创新者最初采用创新到社会系统越来越多的成员改变认识并逐步采用创新是一个复杂的扩散过程。人们经常把创新的扩散过程分为四个阶段，即突破阶段、关键阶段、自我推动阶段和浪峰减退阶段，下面用铃形扩散曲线对创新扩散过程进行说明。

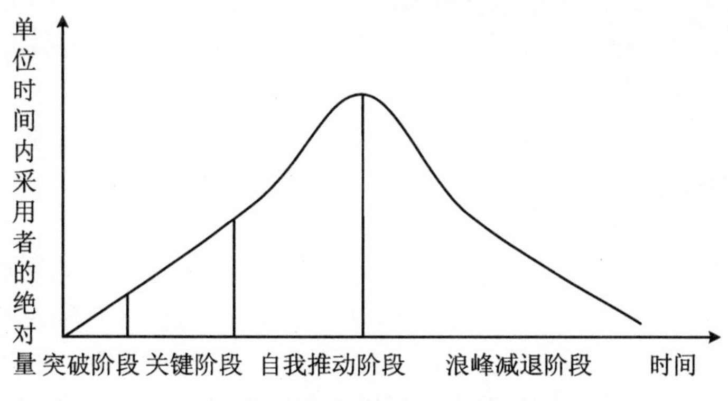

图 2.2　铃形曲线及扩散过程的不同阶段

(1) 突破阶段。某种创新出现以后，总是一小部分人群率先采用，这部分率先采用者称为创新者。创新一方面可能会给创新者带来更高收益，也可能会由于未受过大规模的实验而面临一些不确定的风险。在面临经济风险的同时，创新者还会受到其他社会成员的非议，因此创新者往往受到经济风险与社会风险的双重压力。一般具有创新意识、思想先进且具备承受风险能力的人群才敢于冒这种风险，从某种意义上来说，创新者起到了一种示范作用，他们的使用效果直接影响创新以后的扩散速度，突破阶段是创新得以顺利进行的基础时期。

(2) 关键阶段。创新者的使用结果会引起较大部分人群的关注，当使用效果较好，周围一些人会认为继续采用结果会很诱人且风险较小时，就会产生模仿创新者的冲动，这部分采用者称为早期采用者。这一阶段也是创新能否顺利扩散的关键阶段，它决定着创新能否进入起飞阶段，有关资料表明：一旦有 10%～20%的潜在采用者采用了创新，那么即使没有推广服务或激励措施，扩散过程也会持续进行。

(3) 自我推动阶段。当早期的采用者继续采用创新并取得了理想的效果，周围人群通过各种渠道逐渐认识并接受了此项技术创新，形成了创新采用的新浪，创新扩散进入了自我推动阶段。

(4) 浪峰减退阶段。当创新采用人数达到一定的高度时，扩散曲线会出现结束上升趋势，转而下降，最终进入减退阶段。因为各种不同的原因，部分农户创新采用的效果没有达到预期水平，最终放弃该技术的使用，转而使用其他生产技术。

创新扩散过程对农业技术推广工作的启示。创新者是创新扩散的根本，为了获得创新扩散的成功，一方面必须发现创新者，减轻他们面临的经济压力和社会压力；另一方面对创新者提供必要的技术指导，确保能够达到满意的示范效果。创新者取得较好的采用效果后，要加大宣传力度，让其他社会成员通过现场观摩、现场会等形式对该技术进行了解，激发其采用创新的渴望，不能采用行政命令等强制方式进行推广。在进入自我推动期后，推广服务又要防止广大农户不加思考而错误地采用创新，经验表明，后期采用者往往不如早期采用者那么仔细，有的会不假思索地采用该项创新，常会造成不必要的损失。

4. 创新采用过程

创新的采用是指某一个体从最初知道某项创新开始，对它进行考虑，做出反应，到最后决定在生产实践中进行实际应用的过程。农业生产中，它通常是指个体农民对某项技术选择、接受的行为。对创新采用过程进行研究可以更深入地了解其扩散规律，对制定推广政策具有十分重要的意义。

认识阶段。农民从各种渠道偶然获取关于创新存在的信息，在该阶段只是一种主观感知并没有获得较为详细的内容，此时对创新的价值并没有得到肯定。

兴趣阶段。当农民看到某项创新与自己的生产活动联系较为密切，并有进一步采用的可能时，通过向邻居、朋友打听该创新的详细信息，对该项创新也就进入了兴趣阶段。

评价阶段。在获得了更为详细的信息后，农民也将结合自己情况对采用该项创新的后果作以评价，权衡利弊后可能会做出试用决定，也可能继续观察其他农民采用创新的情况。

试验阶段。在对创新进行评价后，农民感到创新的先进性和有效性后，一般会进行小规模的试用，这时他需要投入必要的劳动、土地及资金等要素，会主动进行相关技术的学习，并观察试用情况的进展与结果。

采用(或放弃)阶段。农民会根据试验的结果决定是否进一步扩大使用规模，有时可能还要进行多次试验，每一次试验都会增加或降低农民对该项创新的兴趣，有时农民经过一次或两次的试用则决定不再继续采用，农民采用创新的态度是较为谨慎的，这时要针对具体问题具体分析，仔细查找原因，不能简单地责怪农业技术推广人员。

上述五个阶段是创新采用的一般过程，实际上可能并不总是遵循这个程序，但是据调查发现，农户在创新采用的不同过程中，其信息来源及决策确实具有不同的特点，因此，认识各个阶段农民的行为规律并制定相应的对策，对提高推广绩效具有十分重要的意义。

5. 创新采用者的类型

在创新扩散的过程中，不同时期采用创新的农户往往具有不同的特征，根据个体接受创新的特点，通常可以把某一社会系统内所有的采用者划分为创新者、早期采用者、早期多数、晚期多数及落后者等五种类型(Rogers，1983)。

创新者一般见多识广，具有一定的冒险精神与一定的抵御风险的能力；早期采用者思想较为先进，具有一定的名望，受他人尊敬，善于学习；早期多数深思熟虑、审慎决策与晚期多数联系较为紧密;晚期多数一般缺乏创新精神,信息较为闭塞,出于压力才采用创新;而落后者思想较为保守,行为受传统思想影响较为严重。罗杰斯根据采用时间的不同对采用者的五种分类具有一定的人为性,但是却告诉我们不同类型的农民在采用创新的时间上具有明显差异,因此,根据农户特征制定相应推广策略对于提高推广效率十分必要。

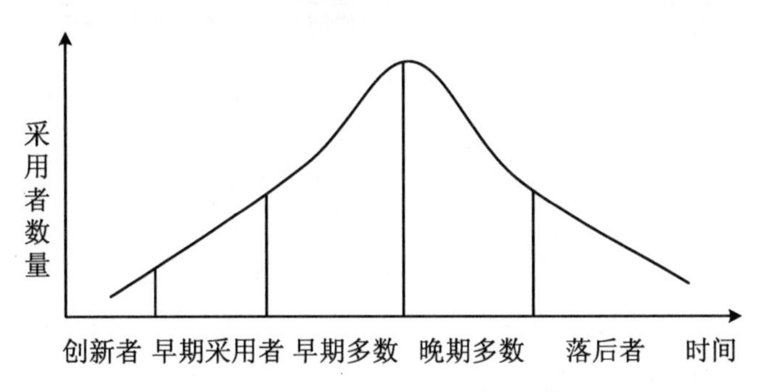

图2.3 不同时期采用者的类型

6. 创新采用率及其决定因素

采用率是指一项创新被某一社会系统多数成员所采用的相对速度。它通常可以用某一特定时期内采用某项创新的个体数量来度量,是用以研究创新扩散速度与扩散范围的重要概念(高启杰,2008)。影响创新采用率的主要因素有潜在采用者对创新特性的理解、创新决策的类型、沟通渠道的选择、社会系统行为变革者的努力程度,原理如图2.4所示。

(1) 创新的特性。潜在采用者感受的创新特性而非技术专家理解的特性,是影响创新扩散最主要的因素。当人们认为创新与原有技术相比,其优越性越明显、创新适应程度越高、技术使用越便捷、试验越方便、可观察性越强其采用率就会越高。

(2) 创新决策的类型。创新决策主要有个人决策、集体决策及权威决策三种类型。个人决策是个人决定是否选用及选用时间,不受他人的影响;集体决策是社会系统成员统一做出的决定,其成员都须遵守;权威决策是由社会中具有一定社会地位的个人或机构做出采用或拒绝某种创新的决定。一般来说,集体决策与权威决策在正式组织中较为常见,而个人决策主要常见于农民的技术选择之中。就决策速度而言,权威决策速度最快,个人决策次之,集体决策速度最慢,但是权威决策形成后在实施过程中却容易遇到一些问题,可能会产生一种导向性的错误。

(3) 沟通渠道的选择。常见的沟通渠道有大众媒体与人际沟通,大众媒介通常包括广播、电视、报纸等形式,传播速度较快,对潜在采用者迅速有效地了解创新的存在较为有效;人际沟通渠道是指在两个或多个个体之间的信息交流方式。研究表明,潜在采用者并非根据专家的推荐与建议,而主要受已采用者或邻居且与自己情况较为接近人的影响较大。

(4) 社会系统的性质。社会系统是指在一起从事问题解决以实现某种共同目标的一组关联的成员或单位,其成员可以是个人、单位、正式组织或非正式组织,社会系统的性质对创新的扩散有着重要的影响。

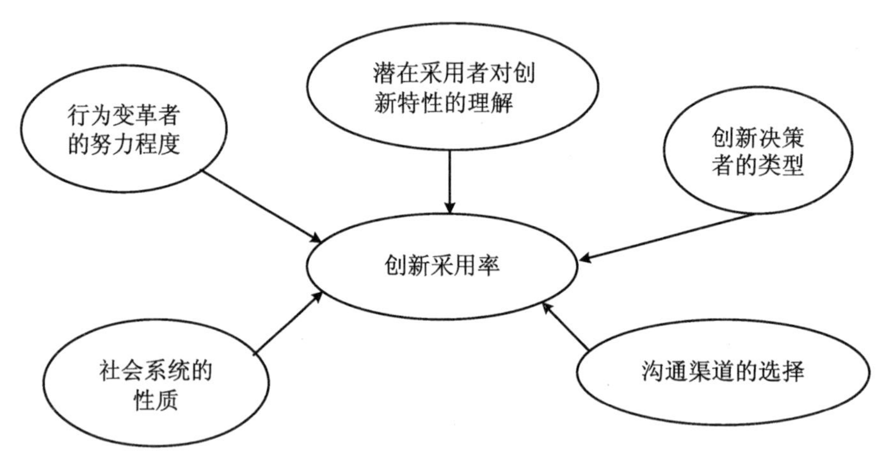

图 2.4 决定创新采用率的 5 类因素

(5) 行为变革者的努力程度。行为变革者是被变革机构认定为向着理想方向努力的个人或组织,如各级农业技术推广组织。行为变革者行为的成功如何主要决定于以下几个方面:行为变革者的努力程度;扩散项目同目标对象的需要之间一致性的程度;推广者在目标对象心目中的可信度;与目标对象的趋同性;目标对象评价创新能力增产程度。

2.1.3 农户行为理论

农户是一个历史范畴,随着生产力的发展,社会出现了第一次和第二次大分工,单个家庭逐渐成为生产和消费的单位,农户也就出现了(丘兴平,2004)。国内外许多学者对农户经济进行了深入的研究,对农户定义也有不同的界定:① 农户就是农村家庭。农户是以血缘关系为基础而形成的从事农业生产经营活动的农民家庭(韩明谟,2001)。② 农户是指家庭农场。恰亚诺夫(1986)曾指出小农家庭的特点是依靠自身而不是依靠佣工生产,产品主要用于自身消费而不是追求利润最大化。③ 农户是社会经济组织单位。"农户指的是生活在农村,主要依靠家庭劳动力从事农业生产,并拥有剩余控制权的经济生活和家庭关系紧密结合的多功能的社会经济组织单位"(卜范达,2003)。④ 一些学者认为农户概念既包括发展中国家规模较小的个体农户,也包括发达国家较大的农场主。

柯水发(2007)在总结前人的基础上得出农户的以下特征:① 农户是以家庭契约关系为基础,生活于农村、家庭劳动力部分或完全从事农业生产、家庭拥有剩余控制权、家庭生活和家庭关系紧密结合的多功能的基本社会经济组织单位。② 农户是由血缘关系组合而成的一种社会组织形式。它既是一种生活组织,又是生产组织，是生产组织与生活组织的结合体；它也是个体与群体的统一，既具有个体行为特征，又具有群体行为特征。农户生产决策具有较大的独立性，同时也受到外界的影响，其决策也具有群体决策的性质，杨志武（2010）以种植业为例认为农户生产决策常常表现出集体决策的特征，主要形式有传统种植习惯，政府的行政干预，宗族、村委会及各种能人的影响。

总之，农户是迄今为止最古老、最基本的单位和组织，它集经济与社会功能于一体。我国自从在广大农村实行了家庭联产承包责任制以来，农户就成为了更为自由的生产决策者，经济功能愈发突出，其行为规律已经成为国家制定农业生产措施的基础。农户的内涵十分丰富，本书中的农户是指我国具有农业户籍且从事农业生产的农村家庭。

1. 农户有限理性理论

对于农户行为是否理性一直存在不同观点。恰亚诺夫（1986）根据长达 30 年的农户观测数据认为小农的生产目的是以满足家庭消费为主，当家庭需要满足之后就缺乏增加生产投入的动力，因而小农经济是保守的、落后的、非理性的、低效率的。T·W·舒尔茨在其代表作《改造传统农业》中分析农户行为，并得出了小农像资本主义企业行为一样，都是“经济人”，其生产要素的配置行为符合帕累托最优原则，小农经济是“贫穷而有效率”的。S·波普金提出了农户是理性的个人或家庭福利最大化者，他们会根据自己的偏好对他们的行为结果进行评价，然后做出期望效用最大化的选择，传统农业发展停滞不前的原因是传统投入的边际收益递减，而不是农户没有进取心及不够努力的结果，一旦现代技术的投入在现有价格水平上能够获得利润，农户会成为最大利润的追求者，改变传统农业的方式不应选择削弱农户生产组织功能和自由市场体系，而应在现存组织和市场中确保合理成本下的现代生产要素的供应。这与舒尔茨的理性小农较为接近，被学术界称为“舒尔茨—波普金命题”。

由于人们所处的环境是复杂的、不确定的，而人对环境的计算与认知能力是有限的，所以诺思教授认为人的行为不可能是完全理性的，人们之所以有不同的选择是因为有不同的制度框架。西蒙也提出了有限理性“管理人”的假设，他认为人们在选择行为的过程中的标准不是“最大”或“最优”，而只是“满意”标准。他认为理性是指在给定条件和约束的限度内适于达到给定目标的行为方式。因此，把效益最大化原则改为满意最大化原则，展现了有限理性假设更加趋向具体、现实生活的变化，假设条件也更加接近我国的现实。广大农户自然条件的差异导致农户需求的差异，效益只是农户追求的目标之一，而仅以效益最大化作为衡量行为是否理性与现实不符，因此，本书研究以农户行为的有限理性为假设前提，满意最大化是农户追求的主要标准之一。

2. 行为产生理论

行为科学认为，行为是人和环境交互作用的产物和表现，它包括思维、语言及一切外显的可观察的运动、活动和动作。动机是人产生行为的直接原因，而动机则是由人的内在需要和外界刺激共同作用而引起的。人的行为是在某种需要未满足之前，由需要产生动机，再在动机的驱动下实现某一目标，满足需要的过程，当一种需要满足了就会产生另一种新的需要，然后又会有新的行为产生，周而复始。行为产生的原理如图 2.5 所示。

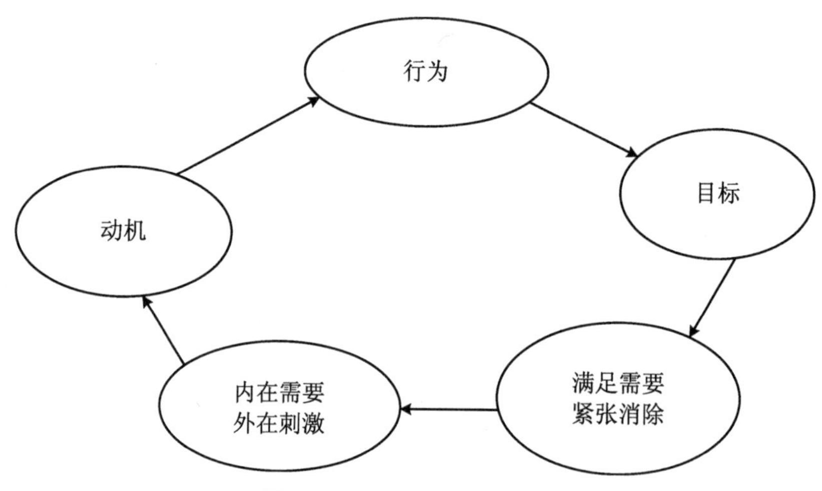

图 2.5 行为产生机理示意图

3. 需要层次理论

需要是人们在生活实践中感到某种欠缺而力求获得满足时的一种心理状态。需要是引起动机，进而导致行为产生的根本原因。不同农户处于不同的社会环境之中，所处的层次也有所不同，所产生的需要也是丰富多彩的。由于社会发展及各项制度的变迁，农户的角色也发生分化，其需要也日趋多样化，因此，了解农户需要是研究农户行为的基础。

美国心理学家马斯洛(A. Maslow)于 1943 年提出了著名的“需要层次理论”，把人类的需要划分为五个层次，按其重要性与发生的先后呈梯状排列，依次是生理的需要、安全的需要、自我实现的需要、尊重的需要及社交的需要(图 2.6)。① 生理的需要是人类对维持生命和延续种族所必需的各种物质生活条件的需要。生理需要是人类最基本、最低级、最迫切的需要，此需要没有满足之前，其他需要不可能起主导作用。② 安全的需要包括心理上与物质上的安全保障的需要，在人们的生理需要得到满足之后，就会产生追求安全的机制，如人身安全、职业保障、防止意外事故及经济损失等。③ 社交的需要是指建立人与人之间的良好关系，希望得到爱情与友情，并希望被某一团体接纳为成员，有所归属。④ 尊重的需要。希望他人能够尊重自己的人格，自己的才华与能力能得到他人的赞许，并且希望在自己所处的范围内拥有一定的声望与地位。⑤ 自我实现的需要。这是人类最高的需要，也就是希望能够发挥自己的潜力，实现自己的价值的需要。

该理论认为需要层次是循序渐近的，只有当低层次的需要满足后才产生更高层次的需要，当高层次需要满足后，低层次需要依然继续存在。尽管实际上需要层次并不一定严格按照这个顺序发展，不同个体对想要实现需要的努力也有所不同，但是由于个体及其所处环境确实存在一定的差异，他们会处在不同的需要阶段，了解农户需要，按农民需要进行农业技术推广是按市场经济规律办事的一种表现，也是行为规律所决定的。农业技术推广人员在应用需要层次理论时还应注意以下几点：首先要深入了解农民的实际需要，辨别需要的合理性，并对其进行适当的引导，积极满足农民合理可行的需要；其次要分析农民需要的层次性，不同经济发展水平、不同类型农户的需要会处在不同的层次上，对其进行调查分析并制定相应的推广目标、措施，有利于提高农业技术推广效率。

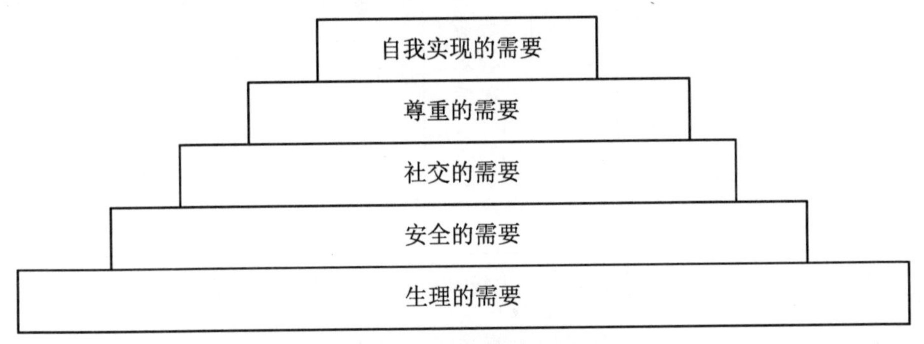

图 2.6　需要层次示意图

4. 农民行为改变理论

荷兰的 A・W・范登班等(1990)认为，农业技术推广是一种有意识的社会影响形式，通过有意识的信息交流来帮助人们形成正确的观念和做出最佳决策。农民是农业生产的主体，具有完全自主的生产决策权，农业技术推广工作最终要通过农民行为的转变来实现其推广目的，了解农户行为改变规律、引导农户行为改变也是农业技术推广学的一项重要内容。

(1) 农民行为改变顺序。实践表明，农民行为是可以改变的，但是要有目的、有组织地改变农民的行为有一定的难度并需要投入大量的时间与努力。农民行为改变包括知识、态度、个体行为及群体行为四个层次，一般来说知识的改变较为容易，态度的改变就增加了一定的难度，个体行为的改变难度又有所增加，而群体行为的改变难度最大。具体来说，农民行为的改变过程有三个方面：一是具体的学习改变，它是农民行为最基本的改变，包括知识的增加、态度的改变及技能的增加。增加对现代先进的农业生产技术的了解是农民产生使用新技术的兴趣的开始，因此，通过推广教育提高农民的知识十分必要。在认识发生转变的基础之上，农民对新技术的态度会发生较大的转变，会逐渐完成从抵制到认同，再到同化的过程。技能增加是农民具体学习改变的一个更高阶段，农民在学习了农业新技术的先进性后，态度发生了相应的转变，就会产生学习新技术的渴望，最终会通过观摩、咨询等方式获得新技术，从而提高技能。二是行为的改变。它是指可以看到的农民行为的变化，农民在学到新的生产技术以后，会在生产中进行应用，这样农业技术推广工作才取得了实质性的作用。三是发展性改变，它是指农民在新技术的使用过程中认知能力、管理技术等方面的提高，是农业技术推广的最高阶段。

(2) 农民个人行为的改变。农户行为改变是动力与阻力相互作用的结果，如图 2.7。

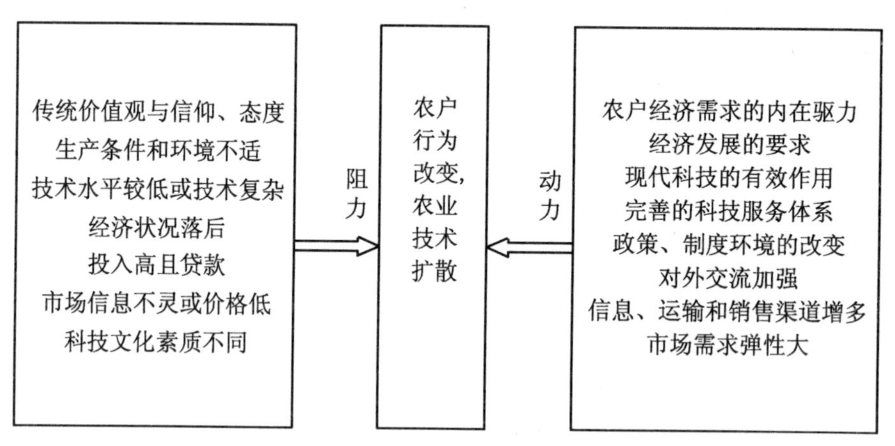

图 2.7 影响农民个人行为改变的动力与阻力因素

农民个人行为改变的动力因素主要来自两个方面，一方面是农民本身的需要。农民进行农业生产都有自己的生产目的，随着社会的发展，绝大多数农户都有增产增收的渴望，都有通过生产改善自己生活水平的需要，为了满足这些需要农民会产生采用新技术的动力。另一方面农民外界环境的变化也会为农户个人行为改变增加动力。随着我国农业技术推广体制的不断深入，农民会有更多机会接触到先进的生产技术与生产方式，特别是国家实施的科技入户项目工程，为农民提供了“看得见、摸得着”的感受新技术的形式，也为农民行为改变提供动力，国家良种补贴、粮食补贴等各项惠农政策的实行及不断增加的农业生产基础设施投入都使农民生产环境发生改变，这无疑会使广大农民不断改变自己行为，提高新技术的使用率。

农户个人行为改变的阻力因素包括两个方面：一是农民自身的障碍及传统文化障碍，大多数农民科学素质不高，收入水平较低，造成了农民生产行为表现出相对较为保守，害怕风险的问题，给新技术的推广带来了一定的阻力；另一方面是一些不利的外部环境会影响农民行为的改变。新技术带来的预期收益的显著增加是采用的关键，我国目前技术创新项目较多，每年约有 6000 多项，但是具有突破性的创新却不多见，进一步加大科技投入，提高创新水平是促使农民改进生产方式的关键因素之一，另外新技术的采用对生产条件会产生更高的要求，而部分地区的生产设施落后对农民改进生产行为也有一定的阻碍。

动力与阻力的作用模式如图 2.8 所示。在农业技术推广中，动力因素促进农民采用新技术,阻力因素又阻碍了农民对新技术的采用。当动力小于或等于阻力时,农民行为不会发生改变,而当动力大于阻力时,农民行为会发生变动,推广目标得到实现,农民行为处于新的均衡状态,农业技术推广的任务就是要积极创造条件,不断增加农民采用新技术的动力,实现农民行为一次又一次的改变。

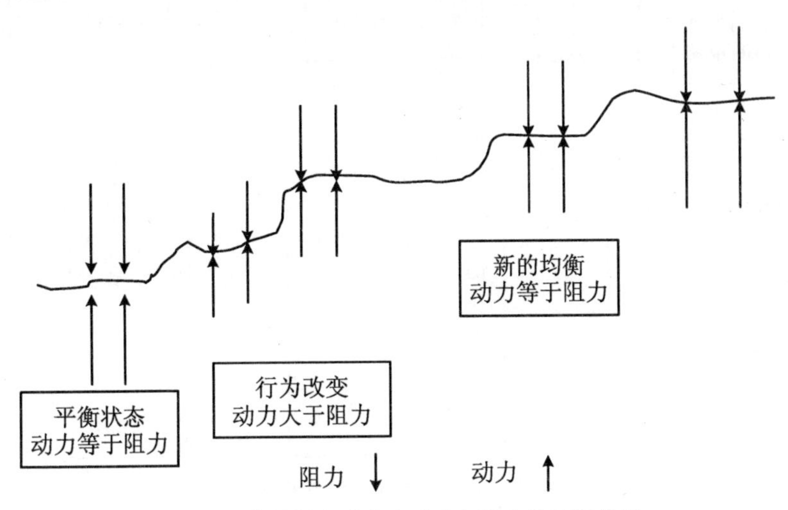

图2.8　农民行为改变中动力与阻力的相互作用

影响个人行为的主要因素有个人特性与环境,社会心理学家莱文(Lewin)提出了人类行为的著名公式,他认为人的行为改变可以用一个简化的函数表示,即

$$B = f(P,E)$$

式中:B 表示个人行为;P 表示个人特性;E 表示外部环境。

该行为方程式告诉我们,农户行为受个人特性与环境影响,通过改变农民个人特性,或者改变外部环境,或两者都改变来实现农民行为的转变。其策略主要有三种,如图2.9所示。一是以改变农民为中心的策略,包括提高农民教育水平、增强生产技术、改变农民态度等方面。二是以改变环境为中心的策略,主要是通过环境的改变促使农民行为发生改变,包括提高科技创新水平、加大农业基础设施投入、改革农业推广制度等方面。三是农民与环境同时改变的策略,同时进行农民特性的改变与环境的改变来达到促进农民行为转变的目的。

2.2　文献综述

农业技术推广的根本目的是通过试验、示范、指导以及咨询服务把农业技术应用于农业生产,最终实现农业增产、农民增收。我国农业技术推广法中明确指出要促使农业科研成果和实用技术尽快应用于农业生产中,保障农业的发展,推广过程

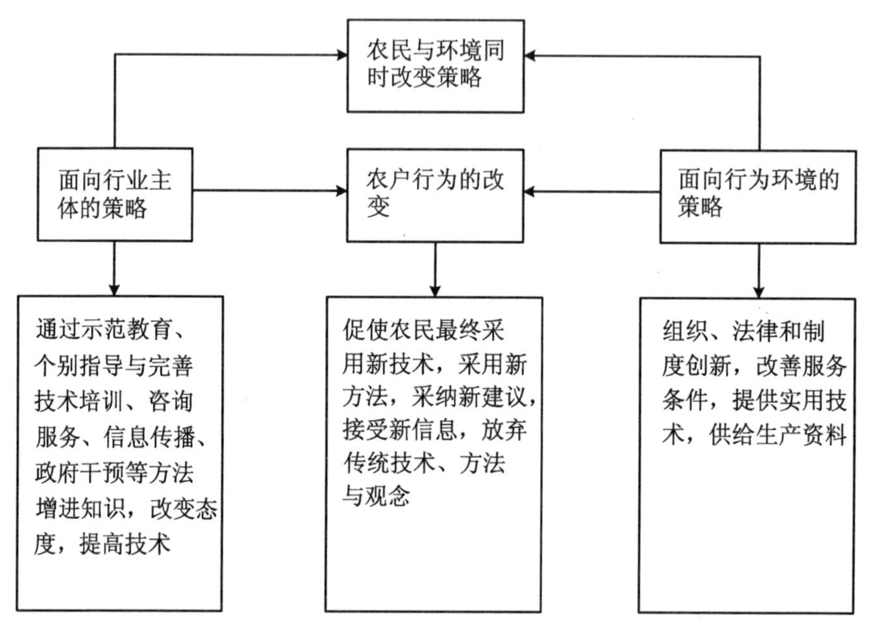

图 2.9 农民行为改变的策略图

中要坚持尊重劳动者意愿的原则，坚持讲求农业生产的经济效益、社会效益与生态效益的原则，因此，注重绩效是推广工作始终坚持的基本原则之一。而影响推广工作绩效的因素较为复杂，在科技成果确定的情况下，一般认为推广组织行为与推广客体行为是影响推广工作绩效的主要因素。推广组织包括政府农业技术推广组织，科研单位及部分企业、专业协会，由于政府推广组织在我国农业技术推广机构中处于绝对优势，且与农民关系最为直接，因此，本书中的推广组织指政府推广组织。下面将从农业技术推广的地位与作用、推广组织、农户行为及农业推广绩效等四个方面对国内外相关研究进行回顾，以作为本书的研究基础。

2.2.1 农业技术推广的地位与作用

许多学者对农业技术推广的重要作用进行了研究。西奥多 · W · 舒尔茨(1987)在 1964 年就提出了“实现农业现代化，必须改造传统农业，依靠技术进步和人力资本改造传统农业”的著名论断。Rosegrant 和 Evenson(1995)对印度全要素生产率(TFP)进行了测定，并得出印度 TFP 的增长主要来源于农业公共投资，特别是对农业科研和技术推广的投资。Owens，Hoddinott 和 Kinsey(2001)对赞比亚农业技术推广进行研究，发现农业技术确实能较大幅度地促进农业生产率的增长。顾焕章(1993)认为技术创新和技术推广是促进农业增长的两个方面，只有两者共同作用才能实现技术进步对农业增长的促进。薛海霞和黄明学(2008)利用国内 29 年农业技术推广与经济增长的数据，实证得出农业技术推广效果增长 1%可以促进农业产值增长 0.719%。Anderson 和 Feder(2002)，Feder 和 Slade(1984)

认为农业推广服务通过增加农民农作物的种植技术知识，提高农田管理水平，进而提高农业生产率。Nimal(1988)研究结果表明通过农业技术推广服务来促进农业发展也成为亚洲各个国家的标准公共政策。

2.2.2　农业技术推广组织研究

农业在国民经济中的基础地位决定了农业技术推广的公共属性。坚持农业技术推广的公益化建设不仅符合我国现实，而且符合国际农业发展的潮流，世界贸易组织的"绿箱"政策明确规定，病虫害防治、推广人员的培训、技术推广和咨询服务，可由公共基金或财政开支，这也反映了世界各国对支持和保护农业的共识(邵法焕，2005)。Birkhaeuser(1991)和 Dina Umali-Deininger(1996)认为农技推广服务是一种具有正的外部性的公共物品，私人部门没有能力或不愿意去做，因而只有公共部门承担者能使社会效益最大化，大多数政府承担着农业技术推广服务的责任。世界上许多国家都重视农业技术推广工作，如日本、荷兰、意大利、泰国、菲律宾等国都建立了以政府组织为主导的农业技术推广体系，美国、印度等国也建立了政府领导、农业院校参与的农技推广体系(胡瑞法等，2004)。

国内外许多学者对政府公共推广体系建设的必要性进行了分析。Jock R. Anderson 和 G. Feder(2003)认为公共推广体系取得了一定的成功，但推广系统自身的弱点阻碍了其有效性的发挥，一些重要的农业技术推广功能是私营组织不愿从事的，所以，不管是基于经济的还是社会的原因，都需要对推广活动进行政府公共财政的资助。陈娟、秦自强(2007)认为世界大多数国家已形成共识，在市场机制没有完善之前，农业技术推广体系的公益性不能改变。李立秋等(2003)认为由农业技术公共属性及中国农村的现状决定了我国要有一个健全的农业技术推广体系。黄武(2008)认为公益性职能和经营性职能相分离是我国农技推广改革的方向，在对国外农技推广的经验进行分析后，归纳阐述了公益性农技推广的四种实现形式。周曙东等(2003)对市场经济条件下多元化农技推广体系建设的必要性进行了探讨。高启杰等(2005)认为我国应该构建一个适应社会主义市场经济体制，以国家农技推广机构为主体，科研教育单位、农民合作组织、农业企业广泛参与，上下连贯、分工明确、功能齐全、结构开放的基层农业技术推广服务体系。

许多学者对公共农业技术推广体系存在的问题进行了分析。Feder 和 Slade(1986)指出发展中国家的农业技术推广人员数量严重不足，主要以完成上级任务为主要目标，缺乏传播技术信息的主动性，很难实现对农业技术人员的有效管理。Purcell 和 Anderson(1997)认为发展中与发达国家均存在激励机制扭曲的现象。胡瑞法等(2004)对全国 7 个省份的基层农业技术推广人员进行抽样调查，发现经费数量与管理方式对农技员工作积极性有着显著影响。高启杰(2010)认为我国行政推广体系建设中存在着人员素质低下、资金短缺、制度不健全等方面的不足，重视农业技术推广人员的选用、培训、考核、奖惩工作对于我国推广体系建设具有十分重要的意义。高启杰(1995),朱希刚(2000),周曙东(2003)等学者认为县乡两级推广机构依然是我国农业技术推广的主体,推广方式以由上而下的方式为主,行政倾向较强,农业技术推广人员素质参差不齐,整体水平较低,经费短缺制约了农业技术推广工作的顺利进行,较大范围内存在"有钱养兵,无钱打仗"的尴尬境地,考核机制僵化难以调动农业技术推广人员的积极性。黄季焜、胡瑞法和智华勇(2009)通过对我国基层农业技术推广体系30年发展的回顾,认为我国农业技术推广体系改革取得了巨大的成就,拥有世界上最广泛的推广体系,在农民增收及保证国家粮食安全问题上都发挥了关键作用,但是也存在推广系统体制不顺、技术推广方式难以满足农民的技术需要以及投入不足的问题,并提出了完善国家投入机制、建立以需求为导向的考评激励机制。

农技员是农业技术推广工作中最活跃的因素,地位十分关键。Hagmann(1998)认为农业技术推广人员所扮演的角色就是要将农民和农业推广机构紧密结合在一起,用自己的知识和技术帮助农民解决由他们反馈的难题。Anderson和Feder(2003),Purcell和Anderson(1997),Hecusr(1991)对农技员行为进行研究,认为有效的激励机制是调动农技员从事农业推广活动的有效方式;胡瑞法等(2004)通过与国外推广机构进行比较,发现我国农技推广人员人均承担推广任务的耕地面积远远低于其他国家,但每个农技员承担的推广人数达到800人,大大超过欧洲的431人、北美洲的325人。胡瑞法等(2004),智华勇等(2007),黄季焜(2007)认为经费不足、管理体制落后、考评机制不合理是影响农业技术人员推广的主要原因。建立科学合理的考评机制是调动农业技术推广人员的工作积极性、提高推广效率的基础。

2.2.3 农户技术采用行为研究

农户是农业生产与决策的主体,农户技术选择行为已成为众多学者研究的焦点问题,其技术选择行为不仅是农业创新研究的出发点,也是诸多实践问题的理论基础(赵翠萍,2007)。Yujiro Hayami和V. W. Ruttan(1970)通过对农村经济环境对技术扩散的影响进行研究,提出了农业技术诱导理论,他们认为农民对农业技术的需求是促进农业技术产生与扩散的原因,生产要素价格变动诱导产生了各种不同类型的技术,从生产成本角度考察了成本变动对农户技术采用行为的影响。农户在较长时间跨度中的技术采用遵循了节约要素的原则,即农户总是会用丰富的要素资源替代稀缺型资源。由于我国人多地少,张冬平等(1995)认为我国农业生产技术发展方向是土地节约型,而胡瑞法和黄季焜(2001)认为我国农业生产技术朝着劳动替代型方向发展。林毅夫等(1990)认为追求盈利最大化已经超过产量最大化而成为农民是否采用新技术的根本动因;胡瑞法和黄季焜(2001)认为上一年产品价格及单产是影响农户做出选择的主要因素。Richard Warner(1974)认为,潜在采用者对新技术是持谨慎态度的,只有当有关新技术的信息积累到一定程度,农户才会决定是否采用。Gregory D. Wozniak(1987)对美国依阿华州农户采用饮料添加剂技术行为进行研究发现,农户教育水平和信息获得程度与新技术早期采用者密切相关,与农业推广部门联系紧密的农户采用新技术的概率要高于其他农户。Baidu Forson(1999)对尼日尔农户采用土壤改良技术与非洲撒哈拉地区农户采用生态技术的研究得出了相似的结论,即与农业技术推广部门联系越多的农户采用新技术的概率越大。汪三贵等(1996),张舰等(2002)认为技术使用的风险是影响技术采用的重要因素。

许多学者对农户新技术选择行为进行了分析。邢卫锋(2004)采用PRA调查方法,系统分析了影响农户采纳无公害蔬菜生产技术的因素,发现农技推广人员能够有效地将无公害蔬菜生产技术知识传播到农户手中。郭霞(2008)分析了农户技术需求强度及获得不同属性技术的来源与途径,认为农技站是农户优先选择的服务组织。何竹明(2007),朱广其(1996)研究了农技推广与应用中的农户参与行为,认为农户参与行为的影响因素及其机制影响推广效率大小。池泽新(2003)认为农户作为生产者的角色,其技术需求行为主要受农产品商品率、兼业程度、资产专用性程度、土地利用方式、农产品市场结构的影响,依托于农户参与的过程,农户通过对农业技术应用可以扩大技术需求,反过来又刺激农业技术的研究和推广。曹建民、胡瑞法和黄季焜(2001)以广东、湖南、湖北以及江苏四省的样本点为例,利用经济计量模型对农民技术培训行为与技术采用意愿的关系进行了分析,认为农民的个人特征、家庭特征及农民掌握的信息决定了农民参加技术培训的行为,而技术培训又是影响农民技术采用意愿的重要因素,可以极大地激发农民采用新技术的愿望。陈红卫(2005)对新时期农业技术推广中农民行为变化规律进行了分析,认为农民行为的改变程度与文化素质、经济水平具有正相关关系,受市场因素的影响越来越大。姚华峰(2006)认为农业技术推广对农户接受新技术具有较为明显的促进作用,因此,加快农业技术推广体制改革,提高农民受教育水平,增强农民技能是实现农民行为转变的重要途径。

总之,农户新技术采用行为受到资源禀赋、社会文化、教育程度、风险等多方面因素的影响,特别是农业推广活动对促进农户新技术采用具有正向影响。

2.2.4 农业技术推广绩效研究

绩效是一个在众多文献中经常被使用而没有被详细说明的概念,由于不同行业均涉及绩效考评的问题,其内容、考评方式、手段又有所不同,所以至今没有形成一个一致的看法,总体来说目前形成了以结果为导向及以过程为导向的两种研究倾向。Allen Mohrman(1989)认为绩效包括在一定条件下进行的行为和取得的结果,既考虑了生产的投入行为,又考虑到投入结果。Brumbrach也认为绩效指行为和结果,行为由从事工作的人表现出来,将工作任务付诸实施,行为不仅是结果的工具,行为本身也是结果,是为完成工作任务所付出的脑力和体力的结果,并且能与结果分开进行判断。一些学者认为仅站在结果的视角看绩效，而不考虑产生结果的行为，与经济学上的投入产出理论相违背。许多学者从行为学的视角来定义绩效，Murphy 认为“绩效是一套与组织或个体所工作的目标关联的行为”，Bemandin 将绩效定义为“绩效是指在特定的时间内，由特定的工作职能或活动产生的产出记录”。我国学者段钢认为在绩效管理的具体实践过程中，应该采用较为宽泛的绩效概念，应包含行为和结果两个方面。而 Gill 及 Long 研究表明，在英国，以结果为导向的方法目前已逐渐成为一种占统治地位的考核方法。

绩效评价在企业管理中应用较为普遍，而在农业技术推广中应用不多。农业技术推广法中强调了农业技术推广工作要坚持经济效益、生态效益和社会效益的原则。对农业技术推广工作效益进行客观、准确的评价，分析其影响因素不仅是对目前推广工作状况的正确评价，而且还是加快推广农业技术推广体系改革、检验推广工作是否适应社会主义市场经济的需要。

许多学者从不同视角对农业技术推广绩效问题进行了探索。邵法焕(2005a)认为农业技术推广绩效评价应该包括推广能力、推广水平、推广效率、推广效果、创新能力与推广的可持续性等五个方面。吴玲等(2008)从推广能力、推广水平、推广效率、推广效果、创新能力与推广可持续性等方面为准则层选了五个指标，并提出了包含 24 项指标层的评价指标，从而构建了生态环境保护科技成果推广评价指标体系。娄迎春等(2009)将企业战略管理中的平衡计分卡思想引入对基层农技推广机构的评价，从推广对象、推广效益、内部管理、学习与创新四个层面构建了我国基层农技推广绩效评价的指标体系。申红芳等(2010)通过对全国 14 个省(自治区、直辖市)44 个科技入户示范县农技员与对应示范户的调查，用农户产量、收入、满意度等作为衡量绩效的指标，分析了农技员绝对收入、相对收入、收入结构对绩效的影响，发现农技员整体收入偏低是影响推广绩效最主要的因素，增加农技推广人员收入、调整收入结构对提高推广绩效具有十分重要的意义。李冬梅等(2009)用水稻产量的增产、持平及减产作为衡量县乡农技员推广绩效的一个标准，用 Logit 模型对其影响因素进行了分析。高雪莲(2010)以河北省元氏县农林牧联合会为例，从经济和社会两个方面分析了我国自助型农业推广组织的发展模式与绩效的关系，用农户收入作为衡量经济绩效的指标，用是否促进农业产业化进程、是否提高农民素质、是否有助于完善农业社会化服务体系等指标作为衡量社会效益的指标。刘新(2007)从经济效益、生态效益及社会效益三个方面对有机茶推广体系的绩效进行了研究。张蕾等(2010)利用浙江省诸暨市、江西省都昌县及湖北省武穴市三个水稻科技入户示范县的部分农技员及其对应指导农户的调查数据，以农户产量、种稻知识技能是否提高及农户对农技服务满意度作为衡量农技员推广绩效的指标，结果发现农技员推广行为对产量、农户生产技能、农户满意度都具有积极的影响。

综上所述，农业技术推广对于农业生产贡献较为显著，非常有必要在全国范围内建立高效运行的农业技术推广体系，农业技术推广人员与农户行为均对农业技术推广效果有重要影响，考评机制不够科学、激励措施不合理等因素都制约着农技人员的工作积极性，因此，对现阶段农业技术推广绩效进行科学评价并提出相应对策，对我国农业发展具有十分重要的意义。前人对农业技术推广工作绩效评价多从宏观视角出发，而从农户视角进行绩效研究的成果则不多见，本书认为农户是推广的对象，从农户视角出发进行农业技术推广绩效的研究不仅是对农业技术推广理论的有益补充，而且对促进农业发展、推进农业技术推广体系改革具有十分重要的现实意义。

2.3　本章小结

创新扩散理论是农业技术推广工作所遵循的基本规律，针对创新所处阶段的不同特点制定相应的措施是提高推广效率的基础。农户是农业技术推广对象，是创新的最终使用者，农户行为理论是政策制定的主要依据。无论是创新扩散理论，还是农户理性理论都强调了农户在农业技术推广中的主体地位，农户技术采用状况不仅是对农业技术推广绩效的客观评价，而且是推进农业技术推广体系改革的基础，对此进行研究具有十分重要的理论价值与实际意义。

第3章 粮食作物主导品种推广绩效的理论分析

为了引导广大农户选择优良品种，充分发挥科技对粮食增产、农业增效的支撑作用，我国政府于2004年制定了《农业主导品种和主推技术推介发布办法》，要求各级农业技术推广部门加快主导品种的遴选及推荐工作，本章利用经济学理论对政府参与品种推广的必要性及其绩效进行理论分析。

3.1 良种推广的外部性分析

根据竞争性与排他性两个特征，经济学理论中把社会产品分为私人产品及公共产品。公共产品是指具有非排他性和非竞争性的物品，所谓非排他性表现为它是一种人人可以不付费就能消费的物品，阻止消费成本过高或不可能；非竞争性是指任何人消费某种物品都不会导致别人对该物品的消费的减少，公共产品又可以分为纯公共物品与准公共物品。黄季焜(2000)认为大部分农业科技产品在不同程度上具有公共产品的性质，种子技术不是纯粹的私人产品，特别是一些常规品种，一旦提供就会迅速扩散，种子生产者常常无法控制，其生产技术保密性更差，相当多的农户可以不需要支付任何费用就可以获得。品种技术的准公共产品的属性决定了其供给者的利益不能得到充分保证，仅靠市场力量难以达到最优化配置。

良种推广具有明显的外部性经济性。优良品种的推广不仅是农户增产增收的基础，而且对于引导品种的合理布局、推动规模化种植、培育优势种子企业、保障国家粮食安全等方面都具有十分重要的意义，因此，良种推广的社会收益率远远大于农户的个人收益率[①]，政府获得了良种推广中的一部分利益，这部分利益应由政府来承担一部分推广费用，否则难以达到社会效益的最大化。具体分析如图3.1所示：M_{PB}表示良种推广的个人边际收益，M_{SB}表示良种推广的社会边际收益，M_C表

---

① 个人收益率是指经济单位(个人或企业)从其所从事的活动中获得的纯收入量；社会收益率是指社会从同一种活动中获得的纯收益量，它是个人收益率加上这种活动对社会其他成员所造成的影响。

示良种推广的边际成本，由以上分析可知良种推广的个人边际收益 M_{PB} 小于社会边际收益 M_{SB}。根据边际收益等于边际成本的原则，个人边际收益 M_{PB} 与边际成本 M_C 的交点 Q_1 为个人最优推广水平，社会边际收益 M_{SB} 与边际成本 M_C 的交点 Q_2 为社会最优推广水平，很明显个人最优水平小于社会最优水平，若要实际社会效益最大化，需要政府在良种推广中发挥积极的作用，利用宣传、补贴、奖励等手段进行大力推广。

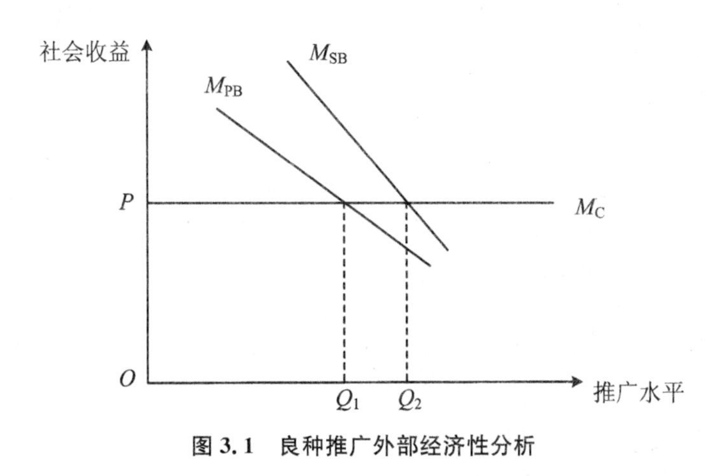

图3.1　良种推广外部经济性分析

3.2　主导品种推广对良种扩散的影响分析

自我国《种子法》《植物新品种保护条例》等政策法规颁布实施以来，科研单位及种子企业的育种积极性被大大调动起来，我国的育种技术也得到较为迅速的发展，为农业增产、农民增收做出了巨大贡献。我国种子市场中存在品种数量虽多，但具有实质创新的优质良种却较为缺乏的问题。

优质良种市场供给动力不足。品种创新包括原始创新及派生品种[①]创新，原始创新需要投入大量的资金，需要育种人十几年甚至几代人的努力才能够完成，派生品种创新的投入及承担的风险均大大小于原始创新。目前的植物新品种保护条例中的"科研豁免"规则规定派生品种可以是仅改变其他品种的个别性状，甚至是毫无经济价值和实际意义的性状，就可以在别人受保护品种的基础上获得独立的品种权保护，而不需要向原始品种权人支付任何费用。这就使得原始育种人的权益得不到有效的保护，影响了原始育种人的创新积极性，这样致使种子市场上派生

① 实质性派生品种(EDV，Essentially Derived Variety)是由原始品种通过选育、天然或诱导的突变、体细胞克隆、基因导入、同亲本回交而得出的只有部分性状得到改变的新品种。

品种泛滥，而实质创新的优质品种匮乏的尴尬局面。据农业部2008年11月1日发布的《农业植物新品种保护公报》中可以看出，25个经初审合格的水稻新品种中，至少有12个品种属于实质性派生品种（陈红等，2009）。此外，按照相关规定，注册资金只要超过100万元或500万元，便可从事非杂交作物种子和杂交种子的生产与经营业务，使得我国目前注册的种子企业多达8000多家，种子企业数量多、规模小的特点决定了难以集中科研、资金的优势来保证优质良种的供给。

农户对优质良种的市场需求常会受到干扰。广大农户十分清楚优质良种对农业生产的重要作用，但是在众多品种面前往往感到无所适从。据胡瑞法等（2010）于2008年对河北、山东、河南、江苏、安徽、四川及甘肃7个省22个县的调查发现，平均每县有3～4个经农业部及相关部门批准注册的种子公司，而实际从事种子经营的公司、代理机构则平均为23个，多的甚至达到40多个。种子经营单位受到经济利益的驱动，常常不顾农业发展及农户的利益而进行违规推广，一些公司利用农户普遍存在求新的心理，通过购买表现不怎么突出而价格便宜的新审定品种进行销售。广大农户难以对种子质量做出鉴别，在信息不对称的状况下，常常会产生逆向选择行为，种子市场也会出现劣币驱逐良币的现象，使得优质良种的需求相对不足。

主导品种推介对优质良种影响的分析。农作物主导品种推介是通过宣传及补贴等形式激励农户采用优质良种的一项制度，它对提高良种覆盖率具有重要推动作用。如图3.2所示，S_1、D_1分别表示在单纯市场作用下的优良品种的供给与需求曲线，交点F_1为市场均衡点，其横坐标上的E_1表示此时的优良品种推广数量。主

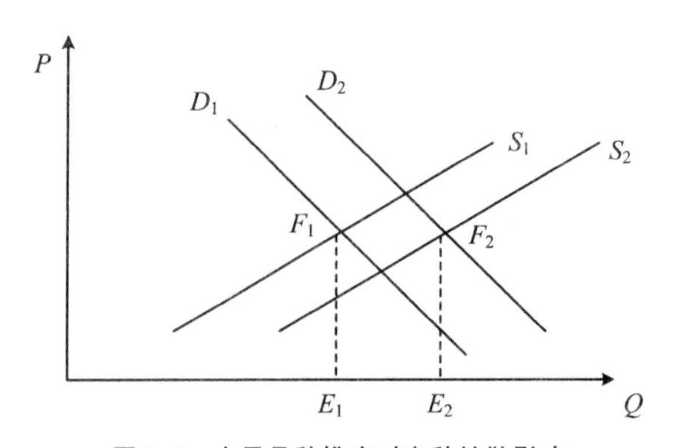

图3.2 主导品种推广对良种扩散影响

导品种推广要求各位农技部门通过广播、电视、报纸等新闻媒体和以挂图、光盘及现场观摩等方式对广大农户进行宣传主导品种的信息，并利用经济手段进行激励，农户对主导品种的需求有所增加，主导品种的需求曲线由D_1向右移动至D_2位置。此外，主导品种的筛选为育种企业提供了公平竞争的平台，可以充分调动育种创新的积极性，具有实质性进展的品种会脱颖而出，优质良种的供给也会有所增加，其供给曲线也由S_1向右移至S_2位置，S_2与D_2交点F_2为实行主导品种推介制度后的

均衡点，其横坐标上的E_2表示新的均衡点，可以看出E_2大于E_1，说明主导品种推介办法对于提高优质良种市场占有率具有十分重要的促进作用。

3.3　良种补贴对农户品种选择行为影响的分析

3.3.1　良种补贴主要方式

良种补贴是在WTO框架下的农业支持政策，也是引导农户采用政府推介主导品种的经济手段。目前良种补贴的方式主要有两种：一种是直接补贴，由地方财政部门直接把资金打入农民帐户，然后由农户自由选择品种，这也是当前良种补贴的主要形式，水稻、玉米均采用这种补贴方式；另一种是品种补贴，由省级农业行政部门牵头，确定主导品种及各县区供种单位，通过供种单位对农民进行补贴，农民只需支付财政补贴后的差价即可获得所要的主导品种。

3.3.2　良种直接补贴效果分析

良种直接补贴是一种直接对农户发放资金而与其是否选择了政府推介品种无关的补贴方式，它增加了农户的收入水平但是没有改变品种间的相对价格。假定农户用于购种的预算支出为I，用于购买主导品种及非主导品种，其目的在于追求自身效用的最大化。其中，主导品种购买数量为X，非主导品种购买量为Y，主导品种价格为P_X，非主导品种价格为P_Y，目标函数与约束条件为

$$\mathrm{Max}\,U = U(X,Y) \tag{3.1}$$

$$\text{s.t.}\quad I = P_X \cdot X + P_Y \cdot Y \tag{3.2}$$

建立拉格朗日函数，即

$$L = U(X,Y) - \lambda(I - P_X \cdot X - P_Y \cdot Y) \tag{3.3}$$

对上式中X、Y和λ分别求偏导，并令其等于零，可得到下列方程组：

$$\partial L/\partial X = \partial U/\partial X - \lambda P_X = 0 \tag{3.4}$$

$$\partial L/\partial Y = \partial U/\partial Y - \lambda P_Y = 0 \tag{3.5}$$

$$\partial L/\partial \lambda = I - P_X X - P_Y Y = 0 \tag{3.6}$$

整理后可得到农户品种选择的均衡条件，即

$$U_X/P_X = U_Y/P_Y \tag{3.7}$$

如图3.3所示，AB表示没有补贴时的预算约束线，与效用曲线U_1的切点E_1表示没有补贴时农户效用最大化时采用两类品种的数量组合，采用主导品种的数量为X_1，非主导品种的数量为Y_1。当政府进行直接补贴时，农户的预算约束线向右上平移至A_1B_1处，与较高的效用曲线U_2切于E_2点，由于两类品种价格没有发生变化，收入的增加会使主导品种与非主导品种的需要量同比例增加（注：在品种使

用量不能增加的情况下，农户的效用水平可以得到相应的提高）。直接补贴没有对非主导品种产生明显的挤占效应，因此，良种直接补贴能够提高农户的效用水平，对于提高农户种粮积极性有一定的帮助，但是该方式难以调动农户采用政府推介主导品种的积极性，难以发挥良种补贴对农业发展的杠杆作用。

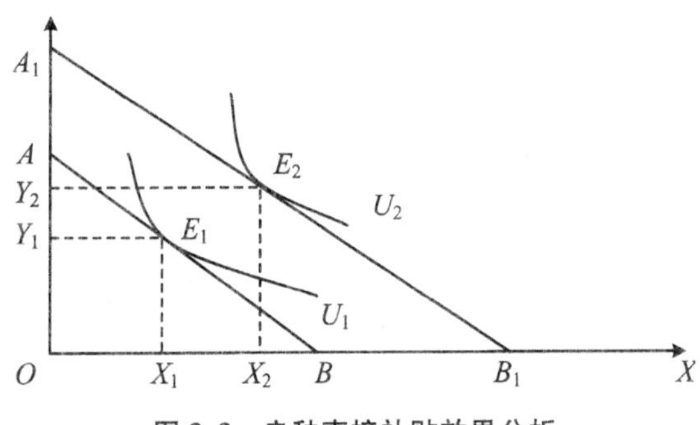

图 3.3　良种直接补贴效果分析

3.3.2　品种补贴效果分析

品种补贴是针对购买政府推介主导品种进行的补贴方式，没有选择政府指定品种的农户则不能享受该项政策的优惠。该种补贴方式实质上是通过降低主导品种的相对价格来调动农户采用主导品种的积极性。如图 3.4 所示：在没有进行良种补贴时，等效用曲线 U_1 与预算线 AB 的切点 E_1 是农户选择在该预算水平下的均

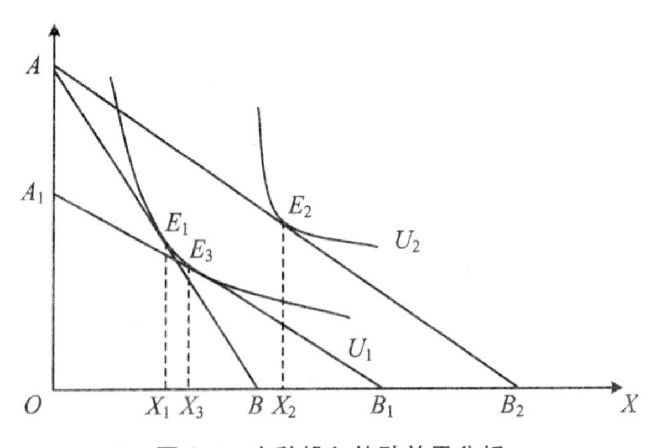

图 3.4　良种投入补贴效果分析

衡点，农户选择主导品种的数量为 OX_1，当对主导品种进行补贴后，主导品种的实际价格有所下降，因此预算约束线向外旋转到 AB_2 的位置，与更高的效用水平 U_2 相切于新的均衡点 E_2，此时主导品种使用量增加为 OX_2。其原因有两个方面，一是由于农户收入增加而增加的主导品种采用量 X_2X_3（或者使农户的效用水平有相同程度的增加），另一部分是农户用来替代价格相对较高的非主导品种而增加对主导品种的使用量，可以看出，品种补贴的方式不仅可以提高农户的效用水平，而且

对于提高主导品种的使用量具有明显的推动作用。

3.4　本章小结

本章利用经济学理论对政府参与农作物品种推广的必要性及其绩效进行了理论分析，认为政府有必要参与农作物品种的推广活动，其推广行为对于提高良种覆盖率具有明显的促进作用，两种良种补贴方式均能提高农户的效用水平，品种补贴比现金补贴更能调动农户采用政府推介品种的积极性。

第4章　安徽省小麦生产状况及品种变更历程

4.1　安徽省概况

安徽省位于华东腹部，是我国东部襟江近海的内陆省份，全省东西宽约450公里，南北长约570公里，总面积13.96万平方公里，占全国总面积的1.5%，省内地形地貌复杂多样，长江、淮河横贯境内，平原、丘陵、山地各占1/3，全省耕地面积6176.4万亩，其中，水田2791.6万亩，有效灌溉面积5019万亩。安徽省自然条件优越，气候以淮河为分界线，北部为暖温带半湿润季风气候，南部属亚热带湿润季风气候。全省年平均气温14～16 ℃，南北相差2 ℃，年平均日照1800～2500小时，平均无霜期200～250天，平均降水量800～1600毫米。现辖17个市，105个县（市区），2008年末全省人口6740.8万人，全省生产总值8874.2亿元，按可比价计算，比上年增长12.7%，财政收入达到1326亿元，比上年增长28.2%，全年城镇居民人均可支配收入12990.4元，比上年增长13.2%，农村居民人均纯收入4202.5元，比上年增长18.1%。

4.2　安徽省小麦生产状况

4.2.1　安徽省小麦生产地位

安徽是我国粮食主产区，农产品品种比较齐全，盛产稻谷、小麦、油菜、大豆、玉米等，水稻、小麦占总产量的80%，是全国7个粮食净调出的粮食主产省之一。近年来，中央一系列强有力的惠农政策及安徽省实施的“小麦高产攻关活动”“水稻提升行动”“玉米振兴计划”三大战役都极大提高了农民粮食生产积极性，粮食生产能力大幅提升，2008年粮食种植面积656.1万公顷，比上年扩大8.3万公顷，占全国粮食播种面积的6.1%，总产量达302.35亿公斤，占全国总产量的5.72%。

小麦是安徽省最为重要的粮食作物之一，小麦生产区域跨黄淮和长江中下游平原两大麦区，但主要集中在淮北和江淮中北部地区，即北纬32°～34°，淮河以北属北方冬麦区，处于全国五大小麦生产区域中的黄淮海小麦优势区，也是我国最大的冬小麦产区，常年播种面积133万公顷，占全省小麦面积的2/3强。2008年安徽省小麦播种面积234.67万公顷，占全国小麦播种面积的9.95%，产量达1167.9万吨，占全国小麦总产量的10.4%，单产达到331.8公斤/亩[①]，单产与总产都居全国第4位。安徽省小麦生产在全国来说处于非常重要的位置，李小军在其博士论文中根据一定的计算方法，对粮食主产区各省的水稻、小麦、玉米、大豆的规模优势指数、效率优势指数及综合优势指数进行了计算[②]，安徽小麦生产规模优势指数为1.33，在粮食主产区中排名第5，仅次于河南、山东、江苏、河北；效率优势指数为0.93，居第5位；综合优势为1.39，位于第3位，如表4.1所示。这些均说明了安徽省作为粮食主产省份，小麦生产的优势较为明显，发挥安徽省资源优势，提高小麦生产水平，有利于从全国范围内实现资源的优化配置，对于保障我国粮食安全具有十分重要的意义。

表4.1 粮食主产区小麦生产优势指数

省份	规模优势指数	效率优势指数	综合优势指数
安徽	1.46	0.93	1.39
河北	1.46	1.33	0.93
河南	2.11	1.17	0.36
黑龙江	0.51	0.87	0.19
湖北	0.91	0.68	0.65
湖南	0.12	0.38	1.11
吉林	0.07	0.5	1.11
江苏	1.45	0.85	0.15
江西	0.07	0.33	1.49
辽宁	0.17	0.78	1.57
内蒙古	0.84	1.05	0.79
山东	1.95	1.14	0.21
四川	0.95	0.82	0.88

数据来源：李小军博士论文《粮食生产区农民收入问题研究》。

---

① 1公顷=15亩。

② 规模优势指数可以用农产品的区位商来表示。某一地区某种作物的区位商是指该作物播种面积在该区域总播种面积所占的比重与全国这一作物的所占比重之比值。效率优势指数主要是反映在一定的区域内农作物的土地产出率。用该地区的粮食作物单产与全国平均水平相比，测算出每个地区的粮食作物生产水平比较优势指数，根据该指数的高低确定出该地区是否具有粮食生产能力的比较优势，即粮食生产基础的好坏和生产水平。综合优势指数考虑到生产规模和生产水平两个因素，采用规模比较优势指数和生产水平比较优势指数的几何平均数表示。

4.2.2 小麦生产变化状况

改革开放以来，安徽小麦生产取得了巨大的成绩，2008 年产量达到 1167.9 万吨，单产达到 331.8 公斤/亩，分别是 1978 年的 4.19 倍与 3.1 倍，如图 4.1 所示。

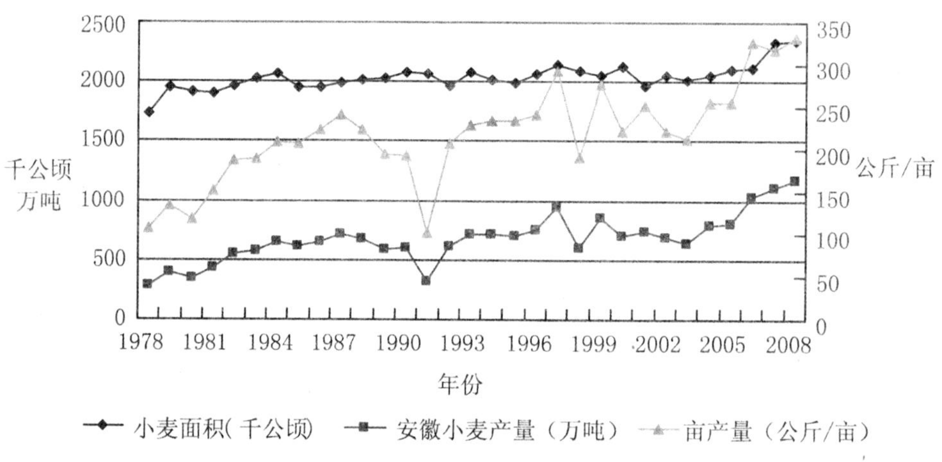

图 4.1 安徽省小麦生产变动情况

从图 4.1 中可以看出，安徽省粮食产量的变化可以分为五个重要阶段。第一阶段是 1978～1987 年。1978 年 12 月，党的十一届三中全会胜利召开，并通过了《中共中央关于加快农业发展若干问题的决定》，拉开了农村改革的序幕，极大调动了农民的生产积极性，安徽省小麦产量由 1978 年的 279 万吨增加到 1987 年的 717.9 万吨，增加了 1.573 倍。第二阶段是 1988～1991 年。由于粮食连续增产，农民手中拥有大量的余粮，当时国家收购能力有限，就出现了“卖难”“存难”“运难”的情况，谷贱伤农，农民的生产积极性受到了较大的影响，导致出现了连续三年单产降到 3000 公斤/公顷以下，除了政策、自然灾害等的影响，这一时期的小麦品种没有接班品种、良种良法不配套也是重要原因。第三阶段是 1992～1997 年，由于上一阶段的减产，导致粮食价格大幅上涨，农民种粮积极性空前高涨，我国粮食综合生产能力达到了 5000 亿公斤，安徽省小麦产量 1997 年达到了 941.2 万吨的历史峰值。第四阶段是 1998～2003 年，粮食价格有所回落，同时农业税费负担过重，造成了粮食生产利益低下，不少地区农民抛荒现象严重等问题，安徽省小麦产量不断下降。第五阶段是 2004～2008 年，中央于 2004、2005 年连续下了两个中央“一号文件”，突出强调加大支持粮食生产力度，在实行农业税减免的同时，制定了粮食直补、良种补贴、农机补贴等惠农政策，极大调动了农民进行粮食生产的积极性，许多优良品种被广大农户所采用，安徽省小麦产量也由 2003 年的 642.8 万吨上升到 2008 年的 1167.9 万吨，增产了 81.7%。

从图 4.1 还可以看出，小麦播种面积和单产与安徽省小麦总产量变动趋势较为相仿，特别是小麦单产与总产量的变化趋势十分一致，利用统计软件可计量出它们与总产量的相关系数分别达到 0.8、0.988，说明了小麦单产与播种面积是影响总产量的重要因素，特别是单产影响最为关键。而影响小麦单产的众多因素中，科学技术特别是品种技术贡献较大，朱希则认为良种对粮食的增产作用为 20%，娄源功研究表明，每次小麦品种更新都能增产 10%以上（宋家永，2008），因此，加快优质良种的推广，提高粮食单产是增加粮食产量的重要途径。

表 4.2　安徽省历年小麦生产情况

年份	播种面积（千公顷）	小麦产量（万吨）	单产（公斤/亩）
1978	1736.7	279.0	107.10
1979	1950.3	390.0	133.31
1980	1916.1	340.5	118.47
1981	1905.1	435.5	152.40
1982	1967.9	554.0	187.68
1983	2025.4	572.5	188.44
1984	2064.3	646.5	208.79
1985	1955.0	605.9	206.62
1986	1954.3	656.6	223.98
1987	1986.2	717.9	240.96
1988	2016.5	677.5	223.99
1989	2034.2	591.8	193.95
1990	2074.3	598.0	192.19
1991	2063.3	315.4	101.91
1992	1965.3	611.8	207.53
1993	2084.9	716.9	229.24
1994	2016.4	710.2	234.81
1995	1992.7	699.1	233.89
1996	2065.8	748.3	241.49
1997	2137.6	941.2	293.54
1998	2095.0	599.1	190.64
1999	2057.1	852.5	276.28
2000	2126.4	707.1	221.69
2001	1961.2	741.9	252.19
2002	2056.9	683.7	221.60
2003	2012.0	642.8	212.99

续表

年份	播种面积（千公顷）	小麦产量（万吨）	单产（公斤/亩）
2004	2059.9	790.1	255.71
2005	2108.3	808.1	255.53
2006	2116.7	1039.0	327.24
2007	2330.3	1111.3	317.93
2008	2346.7	1167.9	331.79

资料来源：根据历年《中国农村年鉴》整理而得。

4.3 安徽省主导品种变更状况

自建国以来，安徽省小麦主导品种大致经历七代品种，经过六次大的变更，对其变更历程进行回顾，有利于把握品种变更的规律，总结经验教训，以更好地指导优良品种的扩散，如表 4.3 所示。

表 4.3 安徽省小麦品种变更状况

变更次数	时间	主要品种	特点	产量（公斤/亩）
	1950～1953 年	多为地方品种	传统种植、农家品种	50～70
一次	1954～1963 年	碧蚂 1 号、碧蚂 4 号、矮粒多、西农 6028、石家庄 407、南大 2439	冬性居多、半冬性少，抗病虫、适应性有所提高，耐肥、抗倒、产量高	85～17
二次	1964～1974 年	阿夫、内乡 5 号、丰产 3 号、万年 2 号、北京 8 号等	适应性较强、产量更高	150～200
三次	1975～1984 年	泰山 1 号、徐州 14、郑引 1 号、博爱 7023、矮丰 3 号等	半冬性品种比例增加、抗锈能力提高	200 以上
四次	1985～1995 年	博爱 7422、宝丰 7228、西安 8 号、马场 2 号、陕农 74100、宁麦 3 号、扬麦 4 号等	耐肥抗倒、品质优、熟期早、产量稳	200～300
五次	1996～2006 年	皖麦 19，豫麦 18、19，扬麦 158，郑麦 9023 等	适应性强、抗逆性较强	350～385

续表

变更次数	时间	主要品种	特点	产量(公斤/亩)
六次	2007 年至今	豫麦 70、新麦 50、皖麦 52、周麦 18、烟农 19、郑麦 9023、偃展 4110、豫麦 70-36 等	早熟、抗倒伏、高产、综合性高	365～400

资料来源：参考张平治等《安徽小麦品种演变分析》整理得。

第一代(1950～1953 年)，这一时期新中国刚刚成立，农业发展还处于起步阶段，安徽省小麦品种主要以农家品种为主，优秀品种主要有三月黄、阜阳白麦、宿县鱼鳞糙等，产量较低，只有 50～75 公斤/亩，主要依靠传统的耕作方式。

第二代(1954～1963 年)，在此期间，安徽省实现了建国后小麦主导品种的第一次更换。因农家品种秆高、易倒伏、抗性差、穗小，不能满足粮食生产的需要，该省开始引进了碧蚂 1 号、矮粒多、石家庄 403 等优良品种，逐渐替代了原来的农家种子，产量水平有了较大的提高，达到了 83.3～116.7 公斤/亩，完成了安徽小麦的第一次更新。

第三代(1964～1974 年)，第二次更新。第二代小麦品种的不足在生产中不断显现，南大 2419 抗寒力弱，连续两年受到了晚霜冻害；1956、1958 年的秆锈病使碧蚂 1 号、碧蚂 4 号受到了损失。为了满足生产上的需要，一些具有耐肥、抗倒、产量高的品种被引进，如丰产 3 号、内乡 5 号、阿夫等。这些品种的引进使小麦产量上升到了 150～200 公斤/亩。

第四代(1975～1984 年)，第三次更新。20 世纪 70 年代前期引种的徐州 14、泰山 1 号、博爱 7023 等 60 个品种表现出了较强的高产性及适应性，逐渐取代了阿夫等品种，成为主导品种。后期引进了矮丰 3 号、博爱 7422 及马场 2 号等品种使小麦产量达到了 200 公斤/亩以上。

第五代(1985～1995 年)，第四次更新。阜阳地区、宿州地区、江淮地区的百农 3217，偃师 9 号，博爱 7023，宝丰 7228，陕农 74100，宁麦 3 号，扬麦 4、5 号等新品种替代了原来的万年 2 号等成为了主导品种，完成了安徽省第四次小麦品种的更新，这一时期，半冬性品种比例扩大，冬性品种几乎绝迹，抗锈病能力增强，产量进一步提高，1987 年全省小麦单产达到了 240 公斤/亩。

第六代(1996～2006 年)，第五次更新。上一代小麦主导品种的不足逐渐显现，偃师 9 号面粉色黄，易受叶锈病、叶枯病影响；徐州 21-11、西安 8 号对冬季冻害或倒春寒较为敏感；博爱 7422 遭受 1989 年白粉、赤霉病导致减产。这一时期的主要品种有豫麦 18、皖麦 19、扬麦 158、郑麦 9023 等，它们对这一时期安徽小麦生产做出了一定的贡献。

第七代(2007 年至今)，第六次更新。原主导品种皖麦 19、豫麦 18、扬麦 158 在生产中已使用近十年，种性明显退化，在产量、抗病性、抗逆性方面均有下降趋势，2005年遇到的倒春寒与阴雨低温，豫麦18减产严重，皖麦19后期易倒伏限制了产量潜力的发挥，扬麦158不抗梭条花叶病，重发年份损失较大。豫麦70、郑麦9023、烟农19、皖麦50、新麦18等品种逐渐被农民所认可，播种面积也逐渐扩大，这一时期产量进一步提高，达到了360～400公斤/亩。

以上分析不难得出以下结论：首先，安徽省小麦主导品种变更具有一定的规律性，如株高降低、品质提高、抗性增强等；其次，主导品种的变更极大提高了安徽省小麦生产潜能，总产量比1949年增加了10倍；最后，安徽省小麦更新速度有待进一步加快，安徽省目前完成一次更新需9～10年，与国际发达国家3～4年的品种更换周期还具有较大的差距，与相邻的河南省相比主导品种的更新速度也有一定的距离（张平治等，2009）。积极采用相关措施，加快主导品种推广对于进一步提高安徽省小麦生产水平具有一定的促进作用，对保障国家粮食安全具有十分重要的意义。

4.4　本章小结

安徽省是全国粮食主产省，小麦生产优势较为明显，加快安徽省小麦生产有利于粮食生产资源在全国的优化配置。1978年以来安徽省小麦产量出现了三次较大幅度的波动，单产与播种面积对总产量影响较大。新中国成立以来，安徽省小麦大致完成了六次大范围的品种更换，品种的适应性、高产性、抗逆性不断提高，为小麦生产做出了重大贡献，与发达国家及相邻省份比较，更新速度有待进一步加快。

第5章　安徽省农户小麦品种技术需求状况分析

德国心理学家卢因融合各学派之长于1951年提出了著名的人的行为公式，认为人的行为是自身因素与环境的函数，而个体的需要是产生动机、最终导致行为的根本原因。农户是农业生产的主体，农户技术需求是农业科研与推广活动的起点与归宿。随着社会经济的快速发展，农户角色出现了明显分化，不同类型的农户对小麦品种技术需求存在较大的差异，对农户品种技术需求进行调查分析，不仅可以掌握农户品种技术需求现状及变化趋势，而且能够为育种创新及农业技术推广政策的制定提供参考。

5.1　样本分布及农户主要特征

5.1.1　样本分布情况

安徽省是全国著名的粮食主产区、小麦主产省，其小麦生产主要集中在淮河以北地区，因此，本研究选取淮河以北地区的埇桥区、萧县、濉溪县、烈山区四个小麦生产大县(区)为调研地点，其中萧县是全国小麦科技入户示范县。本次调研主要利用当地在校大学生暑期放假回家的有利时机，通过随机抽样的方法，对小麦种植户2009～2010年度小麦技术需求及采用情况进行调查，内容涉及农户家庭基本情况、小麦品种技术需求、生产投入、农户主观评价等多个方面，本次共发放问卷650份，回收有效问卷581份，有效率89.38%。由于是随机抽取，所以获得小麦生产示范户样本相对较少，仅46户，占调研农户的7.92%。样本数据分布如表5.1所示。

表 5.1 调研样本分布情况

县(区)	农户数	比例	乡镇数	比例	村数	比例
墉桥	222	38.21%	5	33.33%	30	45.45%
萧县	130	22.381%	4	26.67%	16	24.25%
濉溪	117	20.14%	3	20.00%	12	18.18%
烈山	112	19.28%	3	20.00%	8	12.12%
合计	581	100%	15	100%	66	100%

四个样本县(区)均处于安徽北部,经济条件、自然环境较为相近,对相关数据的统计分析也发现这四个县区之间数据差异均不显著,故本书不再对样本农户分县(区)进行分析。

5.1.2 样本农户基本情况

1. 户主基本情况

户主是农业生产活动的决策者,其行为对农业生产影响较为显著。从样本农户可以看出,从性别上看,男性户主数量占绝对优势,占到户主总量的 90.39%,说明男性在生产决策中的地位十分稳固;从年龄上看,户主的年龄普遍较高,平均年龄为 51.99 岁,40 岁以下户主仅为 12.1%,50 岁以上户主达到 52.85%,部分户主年龄达 75 岁以上;从年龄阶段看,户主年龄在 40 至 60 岁的农户占总数的 76.33%,说明该年龄段的户主是粮食生产决策的主体;从受教育程度来看,户主文化水平普遍偏低,小学及小学以下水平占 19.93%,初中水平占 62.2%,高中或中专以上水平仅占 17.61%,如表 5.2 所示。

表 5.2 样本农户户主基本情况(2010 年)

统计指标	分类指标	户主(户)	比例
户主性别	男	525	90.36%
	女	56	9.64%
	合计	581	100%
年龄(岁)	40 岁以下	70	12.05%
	40～50 岁	204	35.11%
	50～60 岁	240	41.31%
	60 岁以上	67	11.53%
	合计	581	100%

续表

统计指标	分类指标	户主(户)	比例
受教育程度	文盲	22	3.79%
	小学	94	16.18%
	初中	363	62.48%
	高中及以上	102	17.56%
	合计	581	100%

2. 家庭人口与劳动力数量

从家庭人口规模看，样本农户户均4.07人，4人及以下农户占样本户的73.49%，农业劳动力人口每户平均2.9人，劳动力3人以下的农户占69.21%，说明我国现阶段农户小型化趋势明显，劳动力数量已不是制约农业生产的关键因素，如表5.3所示。

表5.3　样本农户家庭人口与劳动力状况

统计指标	分类指标	户数(个)	比例
人口	40岁以下	70	12.05%
	40～50岁	204	35.11%
	50～60岁	240	41.31%
	60岁以上	67	11.53%
	合计	581	100%
劳动力	1人	58	9.98%
	2人	180	30.98%
	3人	164	28.23%
	4人	116	19.97%
	5人及以上	63	10.84%
	合计	581	100%

3. 土地规模

农户土地规模偏小，土地细碎化现象较为明显，样本农户户均土地7.9亩，每块土地平均仅有1.01亩。本书按小麦种植面积大小把农户分为四类，不超过4亩的为小户，4～7亩为一般户，7～10亩为大户，超过10亩为规模种植户。调查数据表明，小麦种植面积在2亩以下的农户占12.7%，不足7亩的农户达到54.27%，10亩以上农户仅占26.12%。我国实行的农村土地联产承包责任制度导致土地经营规模过于狭小,不利于大型农业机械的广泛使用,对农业生产有一定的制约作用。调查农户中租入土地的农户有 122 户,发生土地流转的比例达 21%,10 亩以上农户中 63 户有租种他人土地情况,但流转规模较小,平均户均租入土地 3.6 亩,这说明农村土地流转现象也较为普遍。10 亩以上农户占调查样本的 26.12%,但是其种植总面积达到样本农户总量的 49.49%,说明粮食生产大户的种植行为对整个粮食生产有着非常重要的影响,如表 5.4 所示。

表 5.4 样本农户经营土地规模及细碎化状况

统计指标	分类指标	户数	比例
土地规模	4 亩以下	146	25.13%
	4～7 亩	169	29.09%
	7～10 亩	114	19.62%
	10 亩以上	152	26.16%
	合计	581	100%
土地地块	1 块	28	4.82%
	2 块	84	14.46%
	3 块	203	34.94%
	4 块	119	20.48%
	5 块及以上	147	25.30%
	合计	581	100%

4. 收入情况

从总收入情况来看,近年来农户收入不断提高,但中低收入农户还占较大比重。样本农户中家庭收入平均为 25063.02 元,最高家庭总收入达 80000 元,本书把人均收入从低到高分成低收入(小于等于 2500 元)、一般收入(2501～4000 元)、较高收入(4001～6500 元)、高收入(大于 6500 元)四个层次。581 个样本农户收入分布呈倒"U"型,低收入者与高收入者所占比重较少,分别占总数的 23.91%与 17.04%,一般收入与较高收入所占比较较大,分别占总数的 33.03%与26.00%,如表 5.5 所示。

表 5.5　样本农户人均收入情况

人均收入(元)	户数(个)	比例
小于 2500	139	23.91%
2501～400	192	33.05%
4001～6500	151	26.00%
大于 6500	99	17.04%
合计	581	100%

农户收入来源的多元化趋势较为明显,工资性收入已成为农户收入中最主要的来源。33.05%的农户认为工资是其最主要的收入来源,仅有 29.7%的农户把农业作为其收入的主要来源,以非农经营为主要收入来源的农户占 25.99%。说明农业收入在农户经营中的地位明显下降,但其依然是农户收入的重要来源,特别是在中低收入家庭中依然占有较大比重,如表 5.6 所示。

表 5.6　农户收入主要来源渠道

农户主要收入来源	户数(个)	比例
农业	173	29.78%
工资性收入	192	33.05%
非农经营性收入	151	25.99%
其他收入	65	11.18%
合计	581	100%

5. 劳动力流动情况

安徽省是劳动力输出大省,全省在外务工人员近千万,样本资料显示,有近 75%的家庭有人外出务工,由于外出务工人员的大量存在,劳动力的大量输出对粮食生产的影响需进一步关注,如表 5.7 所示。

表 5.7　家庭人员外出务工情况

外出务工人数	户数(个)	比例
0	147	25.30%
1 人	245	42.17%
2 人	147	25.30%
3 人及以上	42	7.23%
合计	581	100%

5.2 农户小麦技术需求及信息来源

5.2.1 农户小麦种植技术需求状况

1. 农户小麦生产技术需求程度

问卷中对农户的小麦生产技术需求程度进行了调查,样本数据表明,74.91%的农户认为非常需要或需要小麦种植技术的指导,仅有25.09%的农户认为不需要相应技术指导,这说明大多数农户对科学技术对粮食生产的重要性是认可的,小麦生产技术的市场需求较大,如表5.8所示。调研中还发现粮食生产大户、纯农户、低收入农户对小麦种植技术的需求较为迫切。

表5.8 农户对小麦技术指导需要程度

需要程度	户数(个)	比例
非常需要	139	23.92%
需要	296	50.95%
不需要	146	25.13%
合计	581	100%

2. 农户小麦生产技术优先序

农户小麦生产技术需求内容是调整科研方向、确定推广工作重点的基础。从样本农户可以看出,农户对新品种、新农药、新肥料直接影响产量的物化技术需求较为迫切,主要导向是粮食增产增收,这也是导致我国化肥单位面积施用量超出世界平均水平1倍、6.39%可耕地面积受农药污染的重要原因(阎文圣,2002)。农户最需要的技术是小麦优质良种,83.10%的农户表示非常需要小麦良种,这说明农户已经充分认识到粮食作物品种对其生产的重要作用。良种配良法是粮食生产的关键,样本中仅有35.76%与35.23%的农户表示需要播种技术、施肥技术。农户对病虫害防治技术与抗灾技术的需要较为迫切,有52.66%的农户需要病虫害防治技术,39.68%的农户需要抗灾技术。仅有17.44%的样本农户表示需要秸秆还田技术,排在十项技术的最后一位,说明农户对直接促进小麦产量的技术需求较强,而对有利于耕地可持续发展的技术兴趣不高,如表5.9所示。

表 5.9　农户小麦生产技术需求状况

技术名称	户数(个)	比例	位次
优质品种	467	83.38%	1
新化肥	304	52.32%	2
新农药	227	39.07%	4
播种技术	201	34.60%	6
施肥技术	198	34.08%	7
病虫害防治	296	50.95%	3
秸秆还田	98	16.87%	10
灌溉技术	112	19.28%	8
减灾技术	223	38.38%	5
收割技术	103	17.73%	9

3. 农户对小麦品种性状需求状况

小麦品种性状是农户选择品种的重要参考依据，从调查结果来看，农户最关注小麦的是高产特性，有 82.03%的农户认为最需要高产品种，仅有 9.07%的农户关注小麦的好吃特性，说明粮食生产的目的主要用来销售，这与农户小麦销售比例达80%以上是一致的，这也是一些优质专用小麦尽管品质很好，但是产量相对较低，农民种植积极性不高的原因(杨红旗等，2009)。小麦倒伏常常是造成产量降低的重要原因，48.93%的农户希望小麦品种具有较高的抗倒性，32.53%的农户表示需要抗病虫能力较强的小麦品种，如表 5.10 所示。

表 5.10　农户对小麦品种性状需求状况

农户品种特性	户数(个)	比例	位次
高产	461	79.35%	1
抗倒伏	275	47.33%	2
抗病虫	189	32.53%	3
好吃	41	7.06%	4

4. 影响农户小麦品种选择的因素

问卷中对影响农户小麦品种选择的其他因素进行调查，要求被调查者从品种质量、品种价格、良种补贴、政府要求及适合管理等 5 个选项中选出一个最重要的因素。调查结果表明：61.03%的农户看重的是品种质量，仅有 16.72%的农户比较重视小麦品种价格，调查中许多农户表示只要种子质量好，价格高一些没有关系；良种补贴对农户品选择也有重要影响，排在影响因素的第三位，8.26%的农户比较关注所购品种是否为补贴品种；6.54%的农户认为适合管理是影响品种选择的最重要因素，他们往往会考虑与周边农户使用相同的品种，这样方便统一播种、统一收割及日常管理；政府要求与方便购买排在影响因素的第5、第6位，如表5.11所示。

表5.11 影响农户小麦品种选择的因素

影响因素	户数(个)	比例	位次
品种质量	343	59.03%	1
品种价格	94	16.18%	2
是否为补贴品种	48	8.26%	3
适合管理	38	6.54%	4
政府要求	31	5.34%	5
方便购买	27	4.65%	6

5.2.2 农户小麦品种信息来源

从样本农户调查数据可以看出，亲戚朋友是农户品种信息来源最多的渠道，有29%的农户通过该渠道获取小麦品种信息，这主要是因为亲戚朋友联系较为密切，信息可信度较高的原因。从种子销售部门获得信息的农户达到19.93%，是第二大农户品种信息来源渠道，说明种子销售部门在小麦新品种推广中起到较为重要的作用。通过农技员与示范户向农户传播品种信息及栽培技术是我国目前政府技术推广的主要方式，然而，由于农业技术推广人员数量不足，推广手段落后，很难满足农户农业技术需求，样本中仅有11.03%的农户从农技员那里获取有关品种技术信息，调查中发现，从农技员那里获得信息的多数是示范户，非示范户与农业技术人员沟通不多，搭建普通农户与农技员沟通快捷的平台是一个亟待解决的问题，如表5.12所示。

表5.12 农户小麦品种技术信息来源渠道

品种技术信息来源	户数(个)	比例	位次
自己经验	138	23.75%	1
亲戚朋友	103	17.73%	2
农技员	62	10.67%	5
种子销售部门	83	14.29%	3
示范户	76	13.08%	4
村干部宣传	50	8.61%	6

续表

品种技术信息来源	户数(个)	比例	位次
电视宣传	29	4.99%	7
书籍报纸	11	1.89%	8
村黑板报	22	3.79%	8
互联网	7	1.21%	10
合计	581	100%	

示范户在品种信息传播中发挥了重要作用,有 18.86%的农户通过示范户获得小麦品种信息,是农户获得小麦品种信息的第三大渠道。电视宣传、村黑板报也是农户获取小麦品种信息的重要渠道,但极少农户通过互联网、报纸等手段获得小麦种植技术,这一方面是因为农户的科技文化素质不高,缺乏利用现代化手段来获取信息的能力,另一方面也说明农户对于广告等手段宣传的可信程度表示怀疑。

5.2.3　农户小麦品种采用状况及其来源分析

1. 小麦品种更新情况

农户在品种选择上普遍存在求新的心理,当问到更喜欢使用新品种还是老品种时,68.67%的农户回答更喜欢使用新品种,仅有 31.33%的农户喜欢用老品种,说明农户对新品种充满期待。样本农户中 93.30%的农户三年中更换过品种,更换两次及以上的农户 65.24%,其中 22.55%的农户每年更换品种,说明农户对品种的选择还是积极主动的,希望能够通过不断地进行品种调整来达到收益最大化的目的。但农户在新品种选择上存在盲目求新的趋向,普遍认为新品种一定比老品种优越,这也为众多种子销售商推销为数众多的小麦新品种提供了机会,名目繁多的新品种的大量涌现使品种市场出现“多、乱、杂”的现象,农户由于受自身素质及不完全信息的制约,在众多新品种面前常常感到无所适从。

表 5.13　样本农户三年中更换品种次数

更换次数(次)	户数(个)	比例
0	39	6.71%
1	163	28.06%
2	248	42.69%
3	131	22.55%
合计	581	100%

2. 农户小麦品种选择个数

样本农户中平均户用品种 1.63 个,其中使用一个品种的农户有 51.96%,采用两个品种的农户占到49.04%,样本农户中没有超过两个品种的。农户在规模有限的土地上种植两个品种的主要原因有两个,一个是说明农户在品种采用上具有一定防范风险的意识,通过多种品种组合来降低风险;另一个原因是农户有意先小范围的试种一些新品种,等掌握该品种的生产习性再大规模地使用,这两个方面均反映许多农户在品种选择上较为谨慎,农户在品种选择上求新求稳的心理较为明显,这也是对理性小农理论的一个证明。

3. 农户品种来源情况

小麦品种大多为常规品种,上下代之间性状的遗传具有一定的稳定性,理论上讲,小麦品种播种后再结出的种子可再作种子使用,所以,小麦种子可以通过留种或与他人兑换来获得,但实际上小麦生产、收割过程中会出现种子混杂、纯度降低的问题,因此,农户购买原种比自己留种更能显示出农户先进的生产理念。调查中发现,72.24%的农户通过购买的方式获得小麦品种,仅有27.76%的农户通过自己留种或与他人兑换的方式获得小麦品种,这说明农户对小麦品种的使用在态度上是积极主动的,如表5.14所示。

表5.14 样本农户小麦品种来源情况

品种来源	户数(个)	比例
县种子公司	44	7.57%
当地个体经销商	168	28.92%
乡镇农技站	56	9.64%
村里统一购买	167	28.74%
自己留种	89	15.32%
与他人兑换	57	9.81%
合计	581	100%

而购买方式中又以独自购买为主,独自购买农户中66.55%的农户从当地个体经销商获得小麦品种,说明个体种子销售商在种子市场中占有重要位置,对农户品种采用起到非常大的影响,对个体种子销售商进行合理的规划管理是净化种子市场、充分发挥市场作用的关键。统一购买不仅可以节约成本,而且一旦出现种子质量问题,可以借助群体的力量进行有效的维权,仅有28.83%的农户通过统一购买的方式获得种子,也说明目前农民组织性不强,村集体、行业协会发展不够普遍。

4. 样本农户提前确定小麦品种时间

农户在确定所用品种时间上存在一定的差异,在一定程度上反应了农户对小麦生产的重视程度。为了了解农户在播种前多长时间确定使用品种,问卷中设置了5个选项,播种当天、播种前一周、播种前二周、播种前三周、三周以上。结果发现极少农户在播种前一周内确定品种,86.65%的农户在播种前两周以上确定小麦品种，提前三周确定小麦品种的农户最多，这再一次说明多数农户对小麦品种的选择还是非常慎重的，如表 5.13 所示。

表 5.14　样本农户确定所用品种时间

时间	户数(个)	比例
当天	35	6.05%
一周	42	7.30%
二周	175	30.07%
三周	182	31.32%
三周以上	147	25.27%
合计	581	100%

5.3　本 章 小 结

本章详细介绍了样本农户状况、家庭经营特征、现阶段农户小麦品种信息来源渠道、农户小麦品种选用状况。具体结论如下：

第一，样本农户以小规模经营为主，农户家庭平均人口及耕地规模偏小，是典型的小农经济。大部分家庭有人外出务工，从事农业生产户主年龄偏大，文化程度不高。农业收入在总收入的地位有所下降，但其依然是农民收入的一个主要来源。耕地细碎化现象依然较为严重，土地流转在农村有所发展，流转规模较小，粮食生产大户在粮食生产中地位较为突出，激发种粮大户的积极性对粮食生产极为重要。

第二，农户对小麦种植技术需求较为强烈。多数农户表示需要小麦技术指导，纯农户、大户表现较为迫切，农户对直接影响产量的新品种、新化肥、病虫害及新农药热情较大，对有利于耕地可持续发展的秸秆还田等技术则兴趣不高。农户小麦种植的主要用途是销售，最为关注的小麦性状是高产、抗倒伏。品种质量、价格及适合管理是影响农户选择品种的主要因素。

第三，农户小麦品种信息来源呈多元化，亲戚朋友、种子销售部门及示范户是普通农户获取信息最多的渠道。农技员在小麦品种信息传播中作用不够突出，加快农业技术推广机制改革、加大推广经费的投入、创新推广方式是一个亟待需要解决的问题。农户在小麦品种使用中普通存在求新的心理，对使用新品种的农户问起“在种植该品种之前，是否了解其特点”时，一半以上农户表示不了解，部分农户只能说出该品种高产，而对其是否抗倒伏、是否抗病等特征则表示不清楚。购买是农户获得小麦品种的主要方式，当地种子销售部门是农户获得小麦品种的主要地点，部分农户通过使用多个品种来降低小麦生产中存在的风险。

第6章　影响农户小麦主导品种选择因素的实证分析

6.1　安徽省2009～2010年主导品种推广状况

6.1.1　安徽省小麦主导品种推广情况

为加强对农业技术推广工作的指导，推进建立科技人员直接到户、良种良法直接到田、技术要领直接到人的工作机制，有效引导广大农民选择优良品种和先进适用技术，发挥科技对粮食增产、农业增效、农民增收的支撑作用，农业部于2004年制定了《农业主导品种和主推广技术发布办法》。安徽省积极行动，按县级推荐、市级审核、省级审定的原则，组织专家对每年作物主导品种进行筛选，2009年共确定主导品种111个，其中水稻品种29个、小麦品种41个、玉米品种22个、棉花品种19个。小麦品种分为半冬性及春性两大类，其中，半冬性品种23个：烟农19、皖麦52、皖麦50、皖麦38、新麦18、豫麦70-36、泛麦5号、连麦2号、周麦18、邯6172、矮抗58、济麦20、淮麦25、西农979、开麦18、新福麦1号、皖麦38-96、煤生0308、淮麦22、郑麦366、周麦22、豫麦70、周麦16；春性品种18个：偃展4110、阜麦936、郑麦9023、皖麦44、安农0305、皖麦56、皖麦53、扬麦13、扬辐麦2号、扬麦12、皖麦33、扬麦18、宁麦13、扬麦158、扬麦17、扬麦15、扬麦11、皖麦54。

据安徽省农委统计数据，2009～2010年度，32个主产县种植小麦3521.51万亩，有品种名称的60个，种植3481.51万亩，占98.86%；无法确定品种名称的40万亩，占1.14%。烟农19等9个品种累计种植面积2477万亩，占70.34%。皖麦52、泛麦5号、烟农9分别处在前三名的位置，50万亩～100万亩的品种有5个，10万亩～50万亩的品种有26个，10万亩以下的有20个品种，小麦品种多杂的状况大为改观，主推品种产量表现总体较好。据小麦苗情监测结果汇总，在种植面积超过百万亩的9个品种中，除偃展4110（春性品种）和豫麦70-36及邯郸6172以外，各品种产量差异不大。产量最高的是连麦2号，平均亩产505.15公斤。皖麦50平均亩产489.96公斤，皖麦52平均亩产488.90公斤，分列第二、三位。烟农19产量排在第四位，平均亩产488.73公斤。随后依次是泛麦5号（484.76公斤）、矮抗58（476.86公斤）、邯郸6172（431.4公斤）、豫麦70-36（426.96公斤）和偃展4110（357.3公斤）。主导品种的推广不仅是产量的保证，而且对抵御自然灾害也起着关键作用，2009～2010 年度，安徽省在秋冬连旱超过 120 天的不利情况下，依然实现了连续六年的增产，据国家统计局安徽省调查总队的统计显示，2010 年，全省小麦每亩净利润 263 元，比 2005 年增加 151 元，增长 134%，5 年累计增加产值 65 亿元，带动全省农民人均增收 165 元。进一步加快主导品种的推广，提高其覆盖率是现阶段提高粮食产量、增加农民收入的重要手段。

6.1.2　安徽省小麦主导品种推介方式

农作物主导品种推介制度是一个完整、有机的系统，包括省、市、县（市、区）三个层级品种推介（行政手段）、展示平台（公共服务）两大内容（丰作成，2008），各级农业技术推广部门通过示范展示的方法，把适合本地生产、具有较强发展势头的品种向社会推荐，以引导广大农户及种子经营部门采用。农户是农业生产的主体，是小麦品种的最后决策者，我国《种子法》中明确规定农户拥有自主购种权，任何单位和个人不得非法干预，更不能强迫农户购种，因此，政府及各级农业技术推广部门只能通过非行政手段引导农户使用主导品种。

目前政府推介主导品种主要有宣传示范、良种补贴及统一购种三种方式。宣传手段包括电视、过街横幅、张贴宣传语、发放宣传品及通过示范户进行示范推广，让农户通过“看得见、摸得着”的方式亲身体会到主导品种及配套技术增产效果，从而积极主动地购买主导品种。良种补贴是政府推广主导品种的经济手段，安徽省 2009 年良种补贴采取现金直补和售价折扣两种方式，水稻、棉花、玉米良种补贴采取现金直接发放的方式，通过一卡通直接打到农户账户，小麦良种补贴在优势产区实行售价折扣补贴方式（包括宿州市，亳州市，淮北市，蚌埠市，淮南市以及六安市的霍邱县、寿县和滁州市的天长、凤阳县、明光市、定远县），非优势产区实行现金直补方式，本研究所调研的埇桥区、萧县、濉溪县、烈山区分别隶属于宿州市及淮北市，小麦补贴实行的是售价折扣的方式，镇村干部进村入户，逐户登记，核实每户小麦种植面积、所需品种、数量，购种农民只需要按折扣价付款即可获取所需要的品种。

6.2　样本农户主导品种选择情况

6.2.1　样本农户主导品种选择总体状况

埇桥、萧县、濉溪、烈山四县（区）均处于安徽北部，小麦种植以半冬性、弱冬性品种为主，基本上不使用春性品种。样本农户小麦品种使用最多的是烟农 19、皖麦 52、皖麦 53、矮抗 58、连麦 2 号，他们分别占到使用农户的 25.30%、8.43%、4.82%、4.82%、3.61%，采用新原 958、宿 9908、新春 6 号、玉皖、金穗、黑麦等上市不久的新品种的农户占 4.06%，以皖麦 19(宿麦 8802,94 年 4 月被审定，品种权编号 94020142)为代表的老品种依然具有较大的市场，有 33.21%的农户采用此类品种，说明一部分老化品种没有能及时退出小麦品种市场，此外，农户不能记起小麦品种名称或者说出的小麦品种名称无从查对的占 1.97%。从样本数据来看，目前小麦主导品种推广整体状况不容乐观，主导品种覆盖率仅为 60.76%左右，距离国家要求还有较大的差距，品种“多、乱、杂”的局面还在一定范围内存在，因此，有必要对影响农户主导品种采用行为的因素进行深入分析，为进一步提高主导品种的覆盖率提出对策建议。

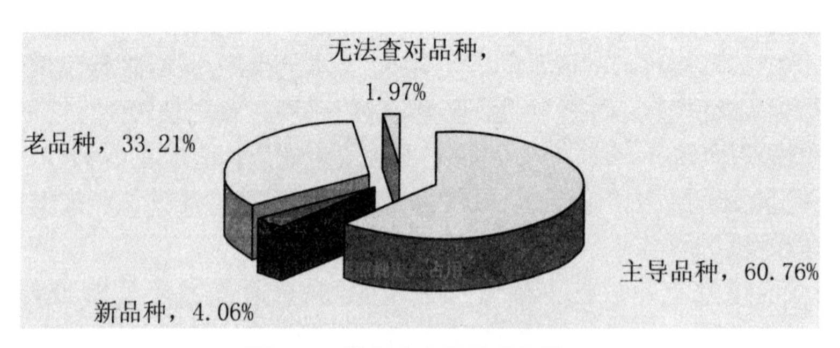

图 6.1 样本农户品种选择情况

6.2.1 不同类型农户主导品种选择状况

不同类型农户主导品种的采用存在一定的差异。从性别上看，样本中采用主导品种的男性户主占有绝大多数，达到 61.54%，而女性户主采用率仅为 48.57%；从年龄上看，40 岁及以下、40～50 岁、50～60 岁三个年龄阶段的农户主导品种采用率较为接近，均在 60%左右波动，而 60 岁以上农户主导品种采用率达到 71.43%，高于其他年龄阶段的农户，这说明农业人口老龄化没有明显制约主导品种的推广；文化程度对农户主导品种选择具有明显的影响，户主为初中、高中及以上文化水平的农户主导品种采用率达 60%，而户主为小学、文盲的农户采用率分别仅为 50%、25.57%，存在明显的正相关关系；人均收入不同的农户对主导品种选择行为差异不明显，且呈“U”型分布，人均收入在 2000 元以下及 6000 元以上的农户采用率高于 2000～4000 元、4000～6000 元两个阶段的农户；从经营规模看，中等及以下规模农户主导品种采用行为几乎没有差异，而 10 亩及以上大规模农户主导品种采用率较高，可以认为种植大户对政府推介技术的采用较为积极主动，因而农业技术推广中要特别注意大规模农户的作用，如表 6.1所示。

表 6.1　不同类型农户小麦主导品种选择情况

农户类型	总样本数(个)	比例	选择主导品种户(个)	比例
户主性别				
男	546	93.98%	336	61.54%
女	35	6.02%	17	48.57%
合计	581	100%	353	
户主年龄				
40 岁及以下	154	26.51%	101	65.58%
大于 40 且不超过 50 岁	322	55.42%	185	57.45%
大于 50 且不超过 60 岁	70	12.05%	42	60.00%
大于 60 岁	35	6.02%	25	71.43%
合计	581	100%	353	
户主教育程度				
文盲	28	4.82%	8	25.57%
小学	84	14.46%	42	50.00%
初中	350	60.24%	210	60.00%
高中及以上	119	20.48%	93	60.75%
合计	581	100%	353	
人均家庭收入				
2000 元及以下	84	14.46%	50	59.52%
大于 2000 且不超过 4000 元	105	18.07%	59	56.19%
大于 4000 且不超过 6000 元	175	30.12%	101	57.71%
6000 元以上	217	37.35%	143	65.89%
合计	581	100%	353	
土地规模				
4 亩及以下	147	12.05%	84	57.14%
大于 4 且不超过 7 亩	203	16.88%	118	58.12%
大于 7 且不超过 10 亩	161	13.25%	92	57.14%
10 亩及以上	70	8.43%	59	84.29%
合计	581	100%	353	

6.3 影响农户小麦主导品种选择行为的实证分析

6.3.1 模型选择

1. 选择模型

在现实的经济决策中人们会面临许多选择问题，当因变量只取有限个离散值时，以这样的决策结果作为被解释变量建立的计量模型，称为离散因变量模型(Models with Discrete Dependent Variables)，或者称为离散选择模型(Discrete Choice Model，DCM)。在离散选择模型中，当两种方案选一时，此时被解释变量在只有两种的情况下，使用二元选择模型(Binary Choice Model)，当因变量不止两种选择时，就要用到多元选择模型(Multiple Choice Model)。农户对主导品种的选择只有选或不选两种可能，这种情况下使用二元选择模型较为适合。常用的二元选择模型有 Probit 模型、Logit 模型、Extreme 模型。因为 Logit 回归具有不要求变量满足正态分布，可以选择更多的解释变量来增强模型的预测精度，变量的选择范围更广的优点(金成晓，2008)，所以，本书采用 Binary Logit 模型对影响农户选择小麦主导品种的因素进行分析。

2. Logit 模型

二元选择模型中，因变量只有两种可能，选择 A 方案或者选择 B 方案，我们用 Y 表示因变量，用虚拟变量 1，0 表示选择结果，$Y=1$ 表示选择 A 种方案，$Y=0$ 表示选择 B 方案，即

$$Y=\begin{cases}1, & \text{选择 A 种方案}\\ 0, & \text{选择 B 种方案}\end{cases}$$

用 P 表示选择 A 方案的概率，$1-P(\mathrm{A})$就是选择 B 方案的概率，我们把 A 方案发生的概率看作是自变量 X_i 的线性函数，即

$$P=P(Y=1)=F(\beta_i X_i)\quad (i=1,2,3,\cdots,k) \tag{6.1}$$

因为 P 取值区间为$[0,1]$，而且当 P 接近于 0 和 1 时，自变量即使有很大的变化，P 值变化也不会很大，因此，不能直接用 OLS 方法进行估计。函数 P 对 X_i 的变化在 $P=0$ 或 $P=1$ 附近不敏感且非线性程度较高，为了达到在 $P=0$ 或 $P=1$ 处附近的变化幅度足够大，函数形式又不是很复杂，我们引入 P 的 Logit 变换，即

$$\theta(P)=\mathrm{Logit}(P)=\ln\left(\frac{P}{1-P}\right) \tag{6.2}$$

其中，$\frac{P}{1-P}$、$\mathrm{Logit}(P)$是因变量 $Y=1$ 的差异比(Odds Ratio)或似然比(Likelihood

Ratio)的自然对数，称为对数差异比(Log Odds Ratio)、对数似然比(Log Likelihood Ratio)或分对数(姚华锋，2006)。可以看出，当 P 从 0 变化到 1 时，$\theta(P)$从 $-\infty$变化到$+\infty$，$\theta(P)$以 Logit(0.5)=0 为中心对称，在 $P=0$ 和 $P=1$ 附近变化很大，可以克服上式中的两个难处。如果 P 对 X_i不是线性的关系，$\theta(P)$对 X_i就可以是线性的关系了。用 $\theta(P)$代替 P 可以得到下式：

$$\theta(P)=\ln\left(\frac{P}{1-P}\right)=\alpha+\sum\beta_i X_i+\xi \tag{6.3}$$

式(6.3)中，$\ln\left(\frac{P}{1-P}\right)$表示选择 A 事件发生比率的自然对数值，P 代表选择 A 事件发生的概率，$X_i(i=1,2,\cdots,n)$为各解释变量，α 为常数项，$\beta_i(i=1,2,\cdots,n)$为待估计系数。在式(6.3)式中，将用 θ 表示 P，得到：

$$P=\frac{e^{\theta}}{1+e^{\theta}}=\frac{e^{\alpha+\sum\beta_i X_i+\xi}}{1+e^{\alpha+\sum\beta_i X_i+\xi}} \tag{6.4}$$

6.3.2　变量选取及研究假说

为了对影响农户主导品种选择行为的因素进行详细分析，笔者把小麦品种使用者分为四部分，一是新品种的使用者，主要是指采用上市时间较短且未被列入主导品种名录小麦的农户；二是主导品种的使用者，指采用政府推介主导品种的农户；三是老品种的采用者，指采用上市时间较久且未在当年政府推介小麦品种目录之内的农户，笔者把采用多个品种中含有主导品种的农户列为主导品种的使用者；四是其他品种使用者，指除以上三类之外，使用说不出品种名称及说出的名称在小麦品种目录查对不到的农户，因为该类农户在总数中占比例不多，不影响结果。

国内外许多学者对农户品种选择行为进行了研究。Homa J. D，Smale M 和 Oppen M. von(2008)对尼日利亚农户采用水稻新品种行为进行了分析，认为农户会根据自身的社会经验、经济条件及对品种的认知来选择品种；Herath H. M. G、Hardaker J. B、Anderson J. R(1983)对斯里兰卡农户选择高产品种行为进行了分析，发现农户更偏好采用最经济的方法使用技术；Chaiwat Chanchowe(1997)对农户生产中风险规避行为进行了研究，认为家庭人口、户主年龄和收入对农户生产投入有重要影响。刘元宝(2001)认为，农户对高质量品种价格不敏感，对种子具有一定的信任度与忠诚度，并主要根据自己经验购种；周未、刘涵等(2010)对湖北孝感、武穴及随州农户超级稻品种选择因素进行了分析，结果表明受教育程度、家庭人均收入、水稻播种面积、务农人口比例、对新品种的需求程度及对农业补贴政策的态度等六个变量对农户采纳超级稻品种有积极的正向影响。李冬梅、刘智等(2009)对四川省 402 户农户的水稻品种选取情况进行了调查，认为水稻产量、农技员推介、亲戚朋友购种对农户选择水稻新品种有正的影响，而种植收入有负的影响，不同地区的影响程度有一定的差异。朱希刚(1995)，汪三贵等

(1996)，曹光乔等(2008)，孔祥智等(2004)也对农户新品种选择行为进行了实证研究。

笔者借鉴前人经验，把影响农户主导品种选择行为的变量分为五部分，具体为户主特征变量、家庭特征变量、经营特征变量、制度变量及其他因素变量，各变量具体内容及预计影响分析如下：

1. 户主特征变量

户主是小麦生产的决策者，不同类型的户主在品种选择上会具有一定的差异。笔者从户主性别、年龄、文化水平三个方面分析其对主导品种选择行为的影响。

(1) 性别因素。目前广大农村依然存在男主外、女主内的现象，男性户主会比女性户主更多地接触外界信息，更有利于采用新技术，女性生产中更多依靠直觉与经验，因此本书假设性别是农户主导品种的重要因素。

(2) 年龄因素。一般认为户主年龄越大越缺乏新技术采用的积极性，本书假设农户年龄对主导品种的选择存在负向的影响。

(3) 教育因素。陈超等(2007)，孔祥智(2004)，林毅夫(1994)，Atanu Saha (1994)等认为农民的文化素质低下对新技术的需求与采用有着重要影响，教育程度对技术采纳具有正效应。本书认为政府推介主导品种代表着先进生产水平，不同文化水平的农户在接受上具有一定的差异，受教育程度与主导品种采用具有正相关关系。

2. 家庭特征变量

家庭特征主要选用指标为是否为示范户、劳动力数量、家庭收入、兼业及与乡镇所在地距离五个因素。

(1) 示范户因素。样本县中，萧县为农业部选定小麦生产示范县，按照项目要求每县选十个乡镇、每个乡镇十村、每村十户的要求，选择有一定文化基础与经济基础、科学种田积极性高、小麦种植面积较大、邻里关系好且具有较强辐射带动能力的农户作为科技入户示范户，墉桥、烈山及濉溪未列入示范县，各地也依照农业部示范户标准选择部分农户作为联系农技员与普通农户的纽带进行主导品种的推广示范，示范户不仅与农技员联系较为紧密，而且常有免费送种等优惠活动，因此，示范户受农业技术推广部门的影响较大，其选择主导品种比例会远远高于其他农户。

(2) 家庭收入。近年来农村家庭收入增长较快，且收入来源多元化趋势较为明显，其对农业技术采用的影响不能确定。

(3) 劳动力人口。由于农村劳动力大量外出务工及农业机械的大量使用，家庭劳动力人口与实际参与农业生产的劳动力数量会存有差距，本书认为家庭劳动力数量与主导品种的采用不够显著。

(4) 兼业因素。随着农村经济的发展变化，农户角色发生了较大分化，纯农户比重有所下降，兼业户数量不断增加，兼业农户由于非农收入的增加，一方面可能会造成对农业生产的放松，品种选择较为随意；另一方面，会因为经济实力的改变可能选择新品种，因此，兼业户对主导品种选择的影响不能够确定。

(5) 与乡镇距离。朱希刚和赵绪福(1995)认为农户到乡集镇的距离与农户新技术采用呈现出极大的负相关性，笔者认为距离乡镇越近的农户越方便与农技人员联系，越容易获取政府推介品种信息，采用主导品种的可能会走越大。

3. 经营特征变量

农户经营特征主要包括小麦种植规模、土地块数、土地流入行为等因素。

(1) 小麦种植规模。林毅夫等(1994)认为农场规模对新技术的采用具有正相关关系；然而孔祥智等(2004)通过对西部地区农户农业技术采纳行为影响因素进行分析，却发现规模对技术采纳影响并不明显。本书认为，小麦生产规模越大，其在农户生产经营中的地位也就越重要，品种选择对其收入影响也越关键，主导品种是由政府推介且经过本地生产检验的品种，不仅生产风险相对较小，而且种植规模越大享受到国家良种补贴的金额也会越多，因此，规模越大的农户更有可能选择政府推介的主导品种。

(2) 土地细碎化。土地块数较多的农户，一般会采用多个品种，不仅包括政府推介的品种，还会包括种子零售商推介的新品种，本书把主导品种为使用品种之一的农户也列为主导品种使用农户，因此认为土地的细碎化对主导品种的选择不具有明显的影响作用。

(3) 土地流入因素。随着农村人口流动的加快，土地流转在很多地区都较为普遍，土地流转是形成土地规模的主要原因，耕地流入农户，往往因为规模较大，更加担心生产上的风险，品种选择往往会追求高产、稳产，因而更倾向于采用政府推介的主导品种。

4. 制度因素

本书主要从良种补贴制度与农技员推广行为两个因素来反映制度因素对农户主导品种采用的影响。

(1) 良种补贴。良种补贴是我国第一个直接对农民的生产性补贴，也是在世界贸易组织框架下国家出台的第一个农业补贴政策(徐明，2007)，其目的主要是通过经济手段，引导农户采用政府推介品种，以达到提高粮食产量、确保国家粮食安全的目的。样本地区小麦补贴方式是直接补贴到具体品种，不购买指定品种的农户不享有良种补贴，因此，笔者认为小麦良种补贴对农户主导品种选择具有较为积极的影响。

(2) 农业技术推广。农业技术推广的主要目的是引导农户采用先进的农业生产技术，而主导品种及主推技术是目前农业推广的重要内容，与农业技术推广人员联系较为密切的农户更容易接收到来自政府的信息，因此，农技员推广行为对农户主导品种采用具有正的影响作用。

5. 其他因素

影响农户主导品种选择的其他因素包括:外出务工因素、农户态度、认知因素、信息来源、购种方式及地区差异等方面。

(1) 外出务工因素。农民外出务工是当前及今后农村长期存在的现象,然而当前外出务工农民大部分以农忙回家生产、农闲外出打工形式存在,在播种及收割等生产繁忙时均能参与生产决策及生产劳动,且现代通讯较为发达,与家庭联系较为方便,因此,本人认为是否有人员外出务工及外出务工人员数量对品种选择不具有显著影响。

(2) 农户态度。农户对品种选择的重视程度可通过提前确定品种时间来反映,笔者认为提前确定使用品种时间越长越能充分考虑备选品种的收益与风险,主导品种系实践检验具有优越性的品种,由政府进行推荐具有一定的质量保证,选种态度越谨慎的农户越有可能选择小麦主导品种。

(3) 认知因素。行为学理论认为认知是行为的基础,农户对主导品种了解程度对农户主导品种的采用具有较为积极的影响。笔者用农户是否知道自己采用品种是政府推荐品种作为衡量农户认知的指标。

(4) 信息来源。农户居住地较为分散,获取信息来源的渠道多样化趋势较为明显,不同信息来源对其决策有着重要影响,示范户是联系农技员与普通农户的桥梁,是政府推介技术的纽带,由示范户获取信息的农户应该更趋向于使用主导品种。本书假设信息来自示范户的农户对主导品种选择具有正向作用。

(5) 购种方式。农户购种有单独购种及集体购种两种方式,集体购种是通过行业协会、村集体统一定购、统一发放的途径获得小麦品种,这种方式最容易集中群体智慧的优势,品种选择较为科学,较容易选择政府推介的主导品种,为了了解集体购种方式对农户主导品种选择的影响,笔者把农户分为统一购种者与非统一购种者,非统一购种者包括自购、自留及与他人兑换的农户。

(6) 地区差异。本书所选样本县均为皖北地区粮食生产大县,经济发展水平较为接近,小麦生产方式也较相似,笔者认为地区差异对农户主导品种采用行为的影响不够显著。

6.3.3 变量定义及说明

被解释变量 Y 表示农户选择主导品种情况,选择主导品种用 1 表示,未选用 0 表示,解释变量用 X_i 表示从户主特征、家庭特征、生产特征及制度因素等角度进行说明,具体变量选取、赋值及对主导品种选择影响方向预期如表 6.2 所示。

表 6.2　小麦主导品种选择模型相关变量定义及预期方向

变量类型	变量名称及意义	变量取值	预期符号
因变量	Y 是否选择主导品种	选用等于 1,未选等于 0	
解释变量			
户主特征	X_1 户主性别	男等于 1,女等于 0	+
	X_2 户主年龄(岁)	实际值	−
	X_3 户主受教育程度	文盲等于 0,小学等于 1,初中等于 2,高中及以上等于 3	+
家庭特征	X_4 是否为示范户	是等于 1,否等于 0	+
	X_5 家庭收入(元)	实际值	+/−
	X_6 家庭劳动力(个)	实际值	+/−
	X_7 家庭兼业情况	纯农户等于 1,兼业户等于 0	+/−
	X_8 距乡镇距离	小于 1 公里等于 0,1～2 公里等于 1,2～3 公里等于 2,3～4 公里等于 3,4 公里以上等于 4	−
经营特征	X_9 种植规模(亩)	实际值	+
	X_{10} 耕地块数(块)	实际值	+/−
	X_{11} 是否租入土地	租入等于 1,未租入等于 0	+
政策因素	X_{12} 是否享有良种补贴	享有等于 1,未享有等于 0	+
	X_{13} 与农技员有无联系	有等于 1,没有等于 0	+
其他因素			
务工因素	X_{14} 是否有人外出务工	有等于 1,无等于 0	+/−
认知因素	X_{15} 主导品种的认知	不知道等于 1,知道一些等于 2,完全知道等于 3	+
信息来源	X_{16} 品种信息是否来自示范户	是等于 1,不是等于 0	+
购种方式	X_{17} 购种方式	统一购种等于 1,其他等于 0	+
地区差异	D_1 萧县(以埇桥区为对照)	埇桥等于 0,萧县等于 1	+/−
	D_2 濉溪(以埇桥为对照)	埇桥等于 0,濉溪等于 2	+/−
	D_3 烈山区(以埇桥为对照)	埇桥等于 0,烈山等于 3	+/−

6.3.4 模型变量基本统计描述

模型变量基本统计描述如表 6.3 所示。

表 6.3 模型变量基本统计描述

变量名称及说明	最小值	最大值	平均值	标准差
Y 是否选择主导品种	0	1	0.51	0.50
X_1 户主性别	0	1	0.94	0.24
X_2 户主年龄(岁)	19	75	45.18	9.23
X_3 户主受教育程度	0	4	1.96	0.74
X_4 是否为示范户	0	1	0.13	0.34
X_5 家庭农业收入(元)	1000	80000	6725	8616
X_6 家庭劳动力(个)	1	5	2.92	1.15
X_7 家庭兼业情况	0	1	0.65	0.48
X_8 距离乡镇距离	0	4	3.80	1.36
X_9 耕地规模(亩)	1	105	7.95	11.14
X_{10} 耕地块数(块)	1	8	3.65	1.47
X_{11} 是否租入土地	0	1	0.21	0.41
X_{12} 是否享有良种补贴	0	1	0.31	0.46
X_{13} 与农技员有无联系	0	1	0.35	0.48
X_{14} 信息是否来自示范户	0	1	0.74	0.43
X_{15} 提前确定品种	1	4	1.86	0.87
X_{16} 品种认知	0	1	0.67	0.47
X_{17} 购种方式	0	1	0.40	0.49
X_{18} 地区虚拟变量	1	4	2.24	1.06

6.3.5 结果分析

1. 计量结果

本书采用 SPSS 17.0 统计软件,以强制回归(Enter)方法进行模型估计,其回归结果如表 6.4 所示。模型预测采用主导品种的正确率为 83.0%,采用非主导品种的正确率为 91.6%,整体预测正确率为 87.3%,Chi-square 值为 48.933,P=0.00,说明模型具有统计意义,拟合优度为 0.765,说明模型拟合较好,各因素能较好地解释影响农户主导品种的选择行为。

表 6.4　农户采用小麦主导品种行为的 Logistic 模型估计结果

变量	B	S. E.	Wald	Sig.	Exp(B)
X_1 户主性别	2.842***	0.832	11.674	0.001	17.147
X_2 户主年龄(岁)	0.032	0.023	1.984	0.159	1.032
X_3 户主受教育程度	1.235***	0.354	12.163	0.000	3.439
X_4 是否为示范户	1.897**	0.747	6.448	0.011	6.663
X_5 家庭农业收入(元)	0.00	0.00	1.207	0.272	1.000
X_6 家庭劳动力(个)	0.257	0.158	2.631	0.105	1.293
X_7 家庭兼业情况	0.633	0.422	2.250	0.134	1.882
X_8 距离乡镇距离	−0.180	0.120	2.258	0.133	0.835
X_9 耕地规模(亩)	0.185***	0.054	11.720	0.001	1.204
X_{10} 耕地块数(块)	0.231	0.118	3.796	0.151	1.259
X_{11} 是否租入土地	−0.218	0.376	0.334	0.563	0.804
X_{12} 是否享有良种补贴	3.436**	0.524	42.978	0.000	31.075
X_{13} 与农技员有无联系	0.909***	0.355	6.573	0.010	2.483
X_{14} 信息是否来自示范户	0.719	0.438	2.702	0.150	2.053
X_{15} 提前确定品	0.478**	0.223	4.597	0.032	1.612
X_{16} 品种认知	1.665***	0.433	14.806	0.000	5.286
X_{17} 购种方式	4.269	0.519	67.737	0.000	71.433
X_{18} 地区变量			3.343	0.342	
X_{18} 地区变量(1)	−0.085	0.412	0.043	0.836	0.918
X_{18} 地区变量(2)	−0.674	0.439	2.350	0.125	0.510
X_{18} 地区变量(3)	−0.236	0.512	0.212	0.645	0.790
Constant	−13.974***	2.684	27.104	0.000	0.000
样本数	518		卡方检验值		48.933
−2LL	48.933		Nagelkerke R^2		0.765
用小麦主导品种的概率	83.0%		预测为采用非主导品种的概率		91.6%
整体预测准确概率值	87.3%				

注：*、**、*** 分别表示变量系数达到 10%、5%、1%的统计显著水平。

2. 结果讨论

由于 Logistic 回归的因变量不是连续变量，而是对数发生比，即 $\ln[P/(1-P)]$，那么，二元选择模型中估计的系数不能被解释成对因变量的边际影响，只能从符号上判断，如果为正，表明解释变量越大，因变量取 1 的概率越大，反之，如果系数为负，表明相应的概率将越小。回归模型对初始假设的检验结果如下：

（1）户主特征中性别 X_1 及教育程度 X_3 均对农户选择小麦主导品种具有积极影响，与假设一致。说明在主导品种选择上存在着性别差异，也再次证明了受教育程度越高的农户越容易采用新技术。年龄变量 X_2 系数为正，但没有通过显著性检验，说明年龄不是影响农户主导品种选择的重要因素，与部分学者研究结论不一致，可能的原因是年龄较大的农户从事非农生产的机会较少，而对农业生产更为重视，更倾向于采用政策推介品种。

（2）家庭特征变量中是否为示范户 X_4 是影响农户主导品种的重要因素，而家庭收入 X_5、家庭劳动力数量 X_6、是否兼业 X_7、与乡镇政府距离 X_8 没有通过显著性检验，与假设一致，这说明：① 与普通农户相比，示范户与农技人员联系更为紧密，采用政府推介技术积极性更高；② 家庭劳动力个数对主导品种的采用具有一定正向作用，但不够显著，而家庭收入对主导品种的影响有待进一步研究；③ 农村兼业行为较为普遍，但农业收入依然是其收入的重要来源之一，兼业行为未对主导品种的推广造成明显不利影响。

（3）农户经营特征变量中土地规模对农户小麦主导品种的选择具有显著的正向影响，与假设一致。农户是理性“经济人”，会在生产中充分考虑风险与收益，生产规模越大，品种质量对其生产影响越大，农户会积极搜寻相关品种信息，主导品种是由政府推介的，具有一定的质量保证，因此，规模越大的农户越趋于采用政府推广的主导品种。租入土地对主导品种的采用有正的影响，但未通过显著性检验，可能的原因是目前土地流转行为虽然较为普遍，但通过流转成为规模种植户的不多。

（4）良种补贴及是否与农技员联系对农户小麦主导品种的采用有正向影响，与假设相一致。上表中可以看出，变量 X_{12}、X_{13} 均在 1% 的显著水平下通过检验，说明国家良种补贴政策是引导农户采用小麦主导品种的有效手段，农技员是联系政府与农户的重要桥梁，在主导品种的推广中地位较为关键。

（5）其他因素中农户提前确定品种时间 X_{15}、主导品种的认知 X_{16} 及购种方式 X_{17} 对主导品种的选择具有显著影响，与研究假设一致。说明农户对生产越重视，对主导品种越了解，就越有可能选择政府推介的主导品种。统一购种是推广主导品种的有效方式，信息是否来自示范户对农户有正向影响，但未通过显著性检验，与假设不相一致，可能是因为通过示范户进行技术扩散的效果不够理想。

6.4　本章小结

本章利用笔者的调研数据，对安徽省农户小麦主导品种推广整体状况进行了描述性的统计，并利用统计软件 SPSS 17.0 从农户视角对影响主导品种的因素进行了实证分析，主要得出以下几点结论：

第一，小麦主导品种推介取得一定的成效，但覆盖率有待进一步提高。安徽省小麦主导品种产量高、抗病强，对于实现粮食产量连续六年增产作用极大，然而，据样本农户分析，其覆盖率不够理想，老品种未能及时退出市场，品种“多、乱、杂”现象依然较为严重，主导品种推广依然任务繁重。

第二，农户主导品种的采用行为受多种因素影响。农户因素中户主性别、文化程度、示范户、农户经营规模、与农技员有过联系、认知水平、品种选择态度对主导品种采用具有较为显著的正向影响，因此，提高农户的教育水平、加大宣传力度、加快农村土地流转有利于促进主导品种的推广。农技推广因素中良种补贴、统一购种也是引导农户品种选择的有效手段，连接农技员与普通户的示范户在主导品种推广中作用不够显著，进一步加快农业技术推广体系改革、完善良种补贴政策、引导农户统一购种、搭建示范推广平台对于主导品种的快速推广具有较为积极的意义。

第7章　农户对小麦主导品种推介的满意度分析

无论是在新公共管理理论中将公众视为“顾客”，还是在新公共服务理论中的关注公共利益，都可以看到，当今各国政府部门都主张公众积极参与公共服务过程，重视社会公众评议是当代世界政府部门绩效评估的发展方向(孙宇等，2009)。我国和谐社会的建设也强调要以人为本，这就要求政府公共部门服务职能要重视服务对象的满意度，并积极采取自下而上的评估方式(刘武，杨雪，2006)。我国农业技术推广绩效评价长期主要以技术覆盖率、增产、增收等客观指标为标准，而对农户的主观感受重视不够。农户是农业技术推广服务的对象，其满意度如何是衡量农业技术推广绩效的一项重要指标。

7.1　理论框架分析

7.1.1　顾客满意度基本理论

顾客满意是指顾客在购买商品或享受服务时所感受到的，并且是发自内心的愉悦和满足感；顾客满意度即指这种愉悦和满足的程度(李延芳等，2010)。顾客满意度指数(Customer Satisfaction Index，简称 CSI)是目前国内外质量领域和经济领域中一个非常热门而又前沿的话题，越来越多的学者把 CSI 引入到政府绩效考核之中，最常见的方法是通过构建一套完整的满意度分析指标体系，采用顾客抽样调查的方法，来评价顾客对产品或服务的满意程度(袁建华等，2010)。许多国家都很重视公众的评价，并相继开发了不同的顾客满意度指数模型，本书对瑞典顾客满意度指数(SCSB)模型、美国顾客满意度指数(ACSI)模型、欧洲顾客满意度指数(ECSI)模型、中国顾客满意度指数(CCSI)模型进行简单回顾，并构建了基于农户视角的主导品种推广满意度评价指标体系。

1. 瑞典顾客满意度指数(SCSB)模型

1989 年创建的瑞典顾客满意度指数是世界上最早的顾客满意度模型，其核心概念是顾客满意，它是指顾客对某一产品或某一服务提供者迄今为止全部消费经历的整体评价，而不是对产品或服务某一次消费经历的整体评价，其满意度具有一定的稳定性(Johnson & Fornell,1991)。顾客期望与感知绩效是影响顾客满意度的两个前置变量,顾客期望就是顾客预期将会得到何种质量的产品和服务,当顾客感知的产品或服务的实际价值高于期望价值时就会有较高的满意度,而当实际感知的质量和价值低于预期时就会降低其满意度。当顾客对某种产品或服务满意度降低到一定水平时,就会通过停止购买或投诉等途径来表示其不满,因此,SCSB模型把顾客抱怨作为顾客满意的结果,如图7.1所示。

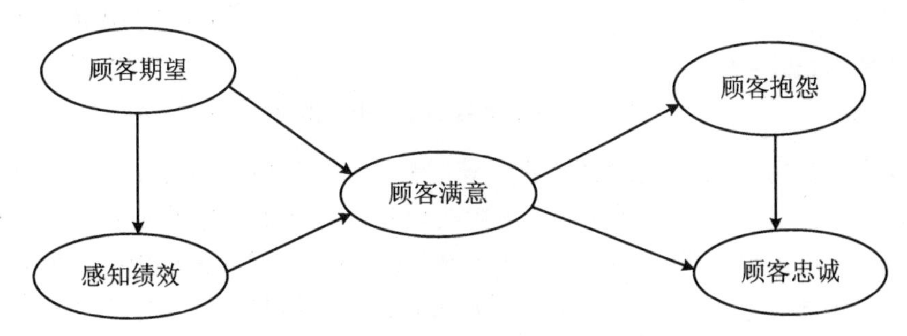

图7.1 瑞典顾客满意度指数模型

提高顾客忠诚度不仅可以降低价格敏感性、提高重复购买率,而且顾客还会向其他消费者推荐该产品,从而确保企业的长远发展。该模型认为顾客满意与顾客抱怨都会影响顾客忠诚度,一般来说顾客满意程度越高越有可能进行重复购买,越可能向他人推荐该产品,而顾客抱怨对顾客忠诚影响相对较为复杂,当测评结果得出顾客抱怨与顾客忠诚关系为正向关系时,说明该组织对顾客抱怨能进行及时有效的处理,从而使这些顾客变为忠诚的顾客,反之则说明组织没能有效处理顾客的抱怨而可能失去这部分顾客。

2. 美国顾客满意度指数(ACSI)模型

美国的费耐乐(Fornell)博士在瑞典顾客满意度指数模型研究的基础上,增加了顾客感知质量(Perceived Quality)这个潜在变量和相关路径,感知价值偏重于价格方面的评判,而感知质量侧重于单纯的质量评判,通过比较可以分辨出顾客满意的源头出自何处,为企业制定是价格领先还是成本领先的战略提供参考依据。ACSI还利用李克特量表对顾客重复购买的可能性进行测度,若顾客重复购买则继续调查顾客所能承受的最大涨价范围,若调查结果表明顾客不愿重复购买,则调查能够使顾客回心转意的降价范围,如图7.2所示。

3. 欧洲顾客满意度指数(ECSI)模型

欧洲顾客满意度指数模型继承了美国顾客满意度指数模型的基本构架与核心概念,主要不同之处表现在两个方面:一是模型中去掉了顾客抱怨这个潜在变量。主要原因是近年来企业越来越重视顾客抱怨的处理工作,甚至把它作为提高顾客满意度的一个重要手段,所以再把它作为顾客满意的结果有不妥之处,而且,1998年对挪威境内五个行为的近七千名顾客的调查研究结果表明,抱怨处理对顾客满

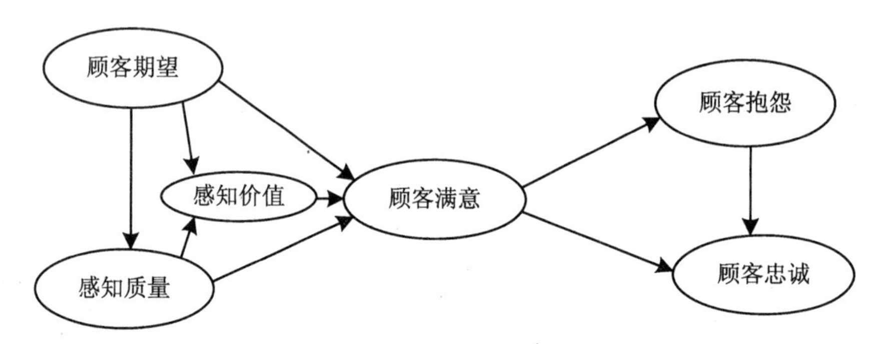

图 7.2 美国顾客满意度指数模型

意或顾客忠诚没有显著的影响(刘新燕等,2003)。二是模型中增加了企业形象这个潜在变量。ECSI 研究人员认为态度影响顾客的认知及行为,企业在顾客心目中的形象会对顾客期望、顾客满意及顾客忠诚产生影响。ECSI 模型用顾客推荐该产品的可能性、顾客保持的可能性及重复购买是否会增加购买量三个变量来表示顾客的忠诚度,如图 7.3 所示。

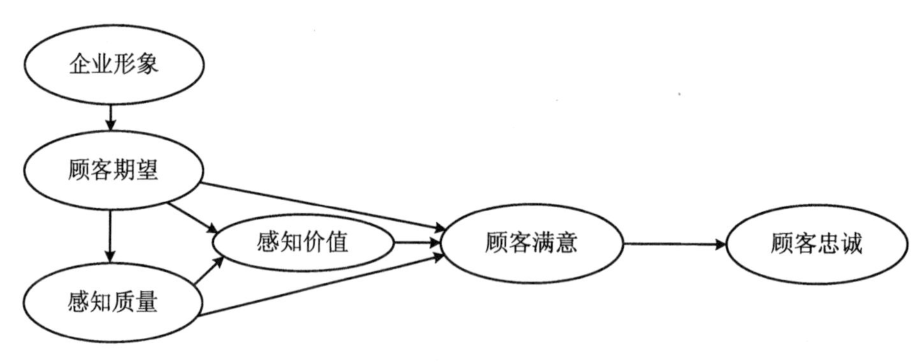

图 7.3 欧洲顾客满意度指数模型

4. 中国顾客满意度指数(CCSI)模型

我国的满意度测评体系的建立起步较晚,1997 年在中国质量协会、全国用户委员会的推动下,开始 CCSI 系统的研究,在国内多个科研单位的共同努力下,开始展开我国的满意度指数模型的设计,1999 年 12 月,国务院在《关于进一步加强产品质量工作若干问题的规定》中明确提出要研究和探索顾客满意度指数的评价方法。CCSI 是在美国顾客满意度指数方法基础之上,根据中国国情而建立的具有我国特色的质量评测方法,我国国家质量监督检验检疫局委托清华大学进行了中国顾客满意度指数研究,并在全国范围内进行了较大规模的试点调查。

7.1.2 农户满意度指数体系构建

农户是农业技术推广工作的服务对象,符合顾客满意度指数模型中顾客的主要特征,因此,本书结合农业技术推广的具体情况,借鉴在美国顾客满意度指数模型的主要结构变量构建了农户满意度指标体系。

指标体系中宣传效果为显变量，直接用农户对该项的满意度评价进行表示，而品种质量、农技员服务及良种补贴等二级指标均为潜在变量，要是通过对应的显变量进行表达。各潜在变量的定义及对应测量变量说明如下：

1. 品种质量

根据调查，农户对小麦品种较为关注的因素是产量、抗性及该品种小麦的售价，因此，笔者通过农户对品种这三个属性的感知来反映对小麦主导品种的满意度的评价。

2. 农技员服务

服务因素是 CSI 模型中质量感知的重要内容，农户对农业技术服务的感知主要通过对农技员服务的内容、业务水平、联系次数、服务态度等观测变量进行表现的。

3. 良种补贴

良种补贴是主导品种推广的重要政策措施，农户对其评价如何是政策绩效评价的重要标准，也是进行政策优化的基础，本书拟从农户对良种补贴的金额及发放方式两个方面进行分析。

农户主导品种推介满意度评价结构层次如图 7.4 所示。

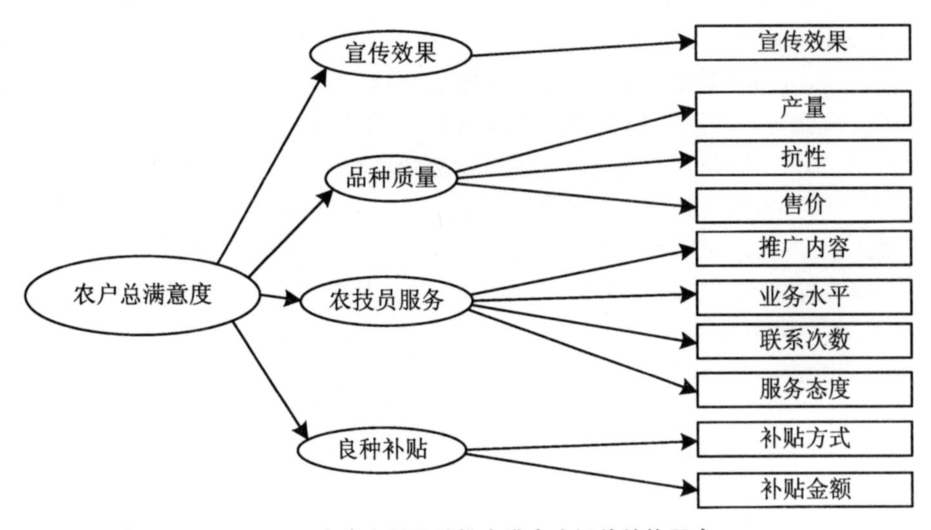

图 7.4　农户主导品种推介满意度评价结构层次

7.2 农户对主导品种推介满意度的实证分析

7.2.1 农户满意度的测算

1. 测算公式

农户对主导品种推介制度满意度评价是一个潜在变量，需要通过相应显变量表示，满意度的核算一般采用加权平均的方法进行，其公式为：

$$CSI=\sum_{i=1}^{n}W_iX_i \tag{7.1}$$

其中，CSI 表示农户对主导品种推介制度满意度指数，W_i 表示第 i 项指标的权重，X_i 表示样本农户对 i 项指标的满意度评价，此数值为样本农户对该项指标满意度评价的平均值，指标权重 W_i 对满意度指数核算结果有较大影响，如何对各项指标权重进行赋值是核算总体满意度的关键内容。

2. 数据来源及问卷效度检验

(1) 数据来源

由于本书主要考查对主导品种满意度的评价，本书采用的数据为本次调查中353户小麦主导品种用户的满意度评价数据，而未采用主导品种的农户数据则不参与以下计算。根据上述理论模型进行指标的选取，本书采用常用的李克特量表(Likert Scale)方法进行农户对各项指标满意度的评价，把农户对各项目的评价分为“很满意、满意、一般、不满意、很不满意”五个等级，并按照程度不同分别赋值“5、4、3、2、1”，与百分制中的“100、80、60、40、20”等数值相对应。各显变量统计分析如表7.4。描述性统计可以看出，农户对品种产量、宣传效果、补贴方式、补贴金额满意度较高，而对农技员联系次数、品种抗性及推广内容等项目满意度较低。

表 7.4 各显变量描述性统计

变量	变量说明	平均值	标准差	位次
X_1	宣传效果	3.20	0.712	2
X_2	抗性	2.46	0.974	8
X_3	产量	3.25	0.812	1
X_4	推广内容	2.50	0.880	8
X_5	推广水平	2.59	1.036	6
X_6	联系次数	2.20	0.902	10

续表

变量	变量说明	平均值	标准差	位次
X_7	服务态度	2.59	0.948	6
X_8	补贴方式	3.13	0.924	3
X_9	售价	2.80	0.742	5
X_{10}	补贴金额	2.97	0.893	4

(2) 信度与效度检验

信度是指测量工具反映被测量对象特征的可靠性、一致性、再现性与稳定性程度的指标。一般情况，当信度指数大于 0.9 时，被认为量表的信度较高；大于 0.6 时，各项目具有可接受的一致性。α 信度指数公式为：

$$\alpha=\frac{k}{k-1}\left(1-\frac{\sum_{i=1}^{k}S_i^2}{S_x^2}\right) \tag{7.2}$$

α_{ij}表示第 i 个指标的得分，式中 k 为测验题目数，S_i为第 i 题得分的方差，S_x为测验总分的方差。本书信度检验采用克朗巴哈 α 系数作为检验标准，利用统计软件 SPSS 17.0 可以得到克朗巴哈 α 系数为 0.818，可以认为农户关于主导品种推介制度满意度评价的问卷具有较高的信度。

效度是指测量工具反映测量本质属性的程度，效度越高表明测量结果越能显示出所要测量对象的特征。KMO(Kaiser-Meryer-Olkin)检验及巴特利球形检验(Bartlett Test of Sphericity)的检验结果可以说明问卷的效度。KMO 统计量用于检验变量间的偏相关性是否足够小，是简单相关量和偏相关量的一个相对数，Kaiser 给出了常用的 KMO 检验标准：KMO＞0.9 表示非常适合；0.8＜KMO＜0.9 表示适合；0.7＜KMO＜0.8 表示一般；0.6＜KMO＜0.7 表示不太适合；KMO＜0.5 表示极不适合(王良健等，2010)。本书利用软件 SPSS 17.0 对样本数据进行 KMO 检验和巴特利球形检验，结果 KMO 值为 0.811，巴特利球形检验的卡方统计值为 148.5，相伴概率为 0.000，小于显著性水平 1%，这说明此问卷具有良好的结构效度，同时，KMO 值及巴特利球形检验也说明该组数据适合进行因子分析。

3. 确定指标权重

目前常用的确定权重的方法有层次分析法、主观赋值法、客观赋值法、德尔菲法、因子分析法、相关分析法等方法，本书采用因子分析的方法确定各指标权重。因子分析法，又叫因素分析法，是通过寻找众多变量的公共因素来简化变量中存在的复杂关系的一种统计方法，它将多个变量综合为少数几个“因子”以再现原始变量与“因子”之间的相关关系。因子分析法中的因子载荷值表示了变量与因子的相互关系，载荷值越大，说明该变量与因子的关系越密切，其对因子的贡献越大，所应赋予的权数也越大。

（1）主成分提取

以上 KMO 及巴特利球形检验结果表明此数据较适合做因子分析，利用主成分分析法，根据特征值大于 1 的原则提取主成分。由主成分提取分析表（表 7.5）可以看出 3 个主成分对总方差累计贡献率达到 72.817%，基本包含原有变量的大部分信息，所以可以用 3 个因子变量来代替原来的 10 个变量。

表 7.5　方差分解主成分提取分析表

主成分	安始值			未经旋转的因子载荷平方和			旋转后的因子载荷平方和		
	特征值	贡献率	累积贡献率	特征值	贡献率	累积贡献率	特征值	贡献率	累积贡献率
1	4.878	48.778%	48.778%	4.878	48.778%	48.778%	4.535	45.354%	45.354%
2	1.379	13.789%	62.567%	1.379	13.789%	62.567%	1.694	16.937%	62.292%
3	1.025	10.250%	72.817%	1.025	10.250%	72.817%	1.053	10.525%	72.817%
4	0.957	9.571%	82.389%						
5	0.453	4.530%	86.919%						
6	0.434	4.337%	91.256%						
7	0.281	2.812%	94.068%						
8	0.246	2.461%	96.529%						
9	0.220	2.199%	98.728%						
10	0.127	1.272%	100.00%						

（2）因子旋转

为了能更好地解释因子，对初始因子载荷矩阵（表 7.6），采用方差极大正交旋转法对负载矩阵进行旋转，得到旋转后的因子载荷矩阵（表 7.7）。由旋转后的因子载荷矩阵可以看出，种子产量、抗性、售价及农技员服务水平、态度、联系次数、推广内容在第一个因子上有较高的载荷，主要反映的是农户感知的种子与服务质量，可以命名质量感知因子；补贴方式与补贴金额在第二个因子上有较高的载荷，可以命名为良种补贴因子；第三个因子中只有宣传效果一个变量载荷较高，可以命名为宣传效果因子。

表 7.6　初始因子载荷矩阵

	主成分		
	1	2	3
宣传效果	0.091	0.294	0.926
抗性	0.855	−0.146	−0.039
产量	0.531	−0.316	0.255
推广内容	0.848	−0.211	−0.069
推广水平	0.889	−0.013	0.082
联系次数	0.810	−0.008	−0.190
服务态度	0.871	−0.018	0.064
补贴方式	0.458	0.766	−0.074
售价	0.780	−0.162	0.003
补贴金额	0.338	0.716	−0.212

表 7.7　旋转后的因子载荷矩阵

	主成分		
	1	2	3
宣传效果	0.021	0.083	0.972
抗性	0.857	0.139	−0.032
产量	0.610	−0.187	0.199
推广内容	0.870	0.084	−0.076
推广水平	0.850	0.244	0.119
联系次数	0.762	0.302	−0.145
服务态度	0.835	0.238	0.099
补贴方式	0.194	0.865	0.127
售价	0.791	0.091	0.002
补贴金额	0.092	0.814	−0.024

（3）权重确定

利用统计软件 SPSS 17.0，运用回归算法可以得到因子得分矩阵（表 7.8），由因子得分矩阵可得到下面的因子得分函数：

$F_1 = -0.023X_1 + 0.198X_2 + 0.182X_3 + 0.211X_4 + 0.178X_5 + 0.151X_6$

$$+0.175X_7-0.086X_8+0.189X_9-0.102X_{10} \tag{7.3}$$

$$F_2=-0.009X_1-0.035X_2-0.236X_3-0.072X_4+0.029X_5+0.1X_6 +0.029X_7+0.558X_8-0.06X_9+0.548X_{10} \tag{7.4}$$

$$F_3=0.928X_1-0.053X_2+0.194X_3-0.093X_4+0.084X_5-0.171X_6 +0.066X_7+0.063X_8-0.017X_9-0.077X_{10} \tag{7.5}$$

表 7.8 因子得分矩阵

	主成分		
	1	2	3
宣传效果	−0.023	−0.009	0.928
抗性	0.198	−0.035	−0.053
产量	0.182	−0.236	0.194
推广内容	0.211	−0.072	−0.093
推广水平	0.178	0.029	0.084
联系次数	0.151	0.100	−0.171
服务态度	0.175	0.029	−0.066
补贴方式	−0.086	0.558	0.063
售价	0.189	−0.060	−0.017
补贴金额	−0.102	0.548	−0.077

旋转方法:方程最大正交旋转。

表 7.9 农户各项满意度指数及权重

变量	满意度	权重	满意度×权重
宣传效果	3.20	0.114	0.365
抗性	2.46	0.119	0.293
产量	3.25	0.105	0.341
推广内容	2.50	0.115	0.288
推广水平	2.59	0.137	0.355
联系次数	2.20	0.096	0.211
服务态度	2.59	0.132	0.342
补贴方式	3.13	0.057	0.178
售价	2.80	0.113	0.316
补贴金额	2.97	0.025	0.074
总满意度指数	2.755		

得到各主成分的系数之后，用第一个主成分中的每个指标所对应的系数乘上每个主成分所对应的贡献率(旋转前)再除以3个主成分的贡献率之和，然后加上第二个主成分中每个指标所对应的系数乘以第二个主成分对应的贡献率再除以3个主成分贡献率之和，按此方法对所选取的全部主成分进行累加，最终可以得到各变量在满意度中的权重，按满意度计量公式可以计量出农户对主导品种推介制度的满意度的平均水平。

农户总体满意度评价为2.755，百分数折算后为55.38，说明农户对目前主导品种推介工作评价偏低，从单个项目上看，农户对品种产量、品种预期、良种补贴方式、小麦种子售价及补贴金额超过农户评价的平均值，而推广内容、农技员推广水平、联系次数、推广态度均低于平均水平。

7.2.2　四分图模型分析

四分图模型又称重要因素推导模型，是一种偏向于定性研究的诊断模型，通过该图可以较为直观地显现出农户对各类指标评价水平及其对总体满意度的敏感程度。如图7.6所示：重要性用各指标在总满意度核算中的权重来表示，满意度所用指标为农户对各项目满意度评价的平均值表示。通过相互垂直的两条参考线把图形分为四个象限，参考线交点为满意度与重要性的平均值，其坐标为(0.101，2.719)，各项评价指标按满意度与重要性数据分布在四个象限之中。

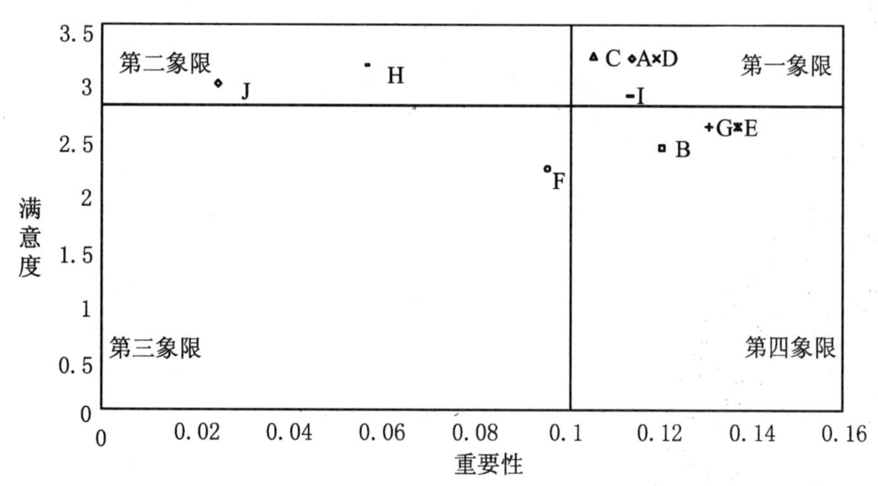

图7.6　农户满意度四分象限图

第一象限为优势区。该象限中的点表示对总体评价最为重要、满意度又最高的项目，该象限中的项目要继续保持和加强。宣传效果、产量、推广内容及小麦售价等项分布在此象限,说明我国政府通过各种途径进行主导品种的宣传效果是明显的,主导品种产量增产效果、小麦售价是农户关注的核心内容,农户对其评价还是较为满意的。

第二象限为维持优势区。分布在该象限中的点表示重要性相对较低,而满意度较高的项目。良种补贴方式及补贴金额分布在该区域内,说明良种补贴政策深入人心,对此项工作还要进一步完善。

第三象限为机会区。分布在该象限中的点表示重要性较低且目前农户满意程度也较低的项目,在资源短缺的情况下,该区项目可以适当放松。农技员联系次数在此区域内,说明农户更加重视推广工作的实际效果,而不仅仅是推广形式,农业技术推广人员的工作考评不应再以下乡次数为主要依据。

第四象限为修补区。该象限中的点表示重要性较高而目前农户满意度较低的项目,对该项目要及时进行修补。品种抗性、农技员水平及服务态度分布在此象限内,显示了这三项内容对整体满意度的评价作用显著、满意度较低的现状。主要原因是长期以来我国基层农业技术推广部门工作效率低下,部分地区“线断、网破、人散”的状况没有得到真正改观,农业技术人员业务水平未能得到及时更新,服务农户意识不强现象依然较为严重,为此加快基层农业技术推广部门的改革,强化服务意识显得较为紧迫。此外,品种的抗性是农户关注的重要内容,其评价水平过低可能与淮河以北地区 2010 年春季雨水较多,造成了小麦大面积倒伏的情况有关。

7.3 本章小结

本章从农户满意度视角对主导品种推介绩效进行了实证分析,利用因子分析法确定了各项目在整体满意度中的权重并对整体满意水平进行了核算,最后借助四分图模型对指标各因素的重要性及满意度现状进行了分析。研究结果表明:

(1) 农户对主导品种推介工作的综合评价不高,综合得分仅为 55.38 分。其中,对宣传效果、品种产量、良种补贴金额及补贴方式满意度评价相对较高,而对农技员服务水平、联系次数、推广态度及品种抗性的评价相对较低。

(2) 四分图模型结果表明,对不同类型项目应该采取不同的措施。当前首先应当抓紧实施基层农业技术推广机构的改革工作,加快农技员业务水平的提高,端正工作态度,提高品种高产属性;其次,采用有效措施继续提高小麦产量,降低销售价格;再次,良种补贴制度已取得一定的成效,受到广大农户较高的评价,对此应继续完善。

第8章　小麦主导品种增产效果的实证分析

8.1　影响小麦单产因素分析

在人口不断增加、耕地面积下降、淡水资源不断减少的背景下，提高粮食单产是保障国家粮食安全的根本保证。影响粮食产量的因素较为复杂，胡冰川(2006)，梁子谦等(2006)，庄道元等(2010)利用时间序列数据对影响粮食产量的因素进行了分析，认为除了土壤、气候等自然因素外，土地面积、化肥、农药、机械投入等是影响粮食产量的最重要的因素。李瑞华和李明秋(2009)对河南省粮食生产的影响因素进行了实证分析，发现自然因素(光照、积温、降水、地形、地貌和土壤质量)对粮食产量影响较小，社会经济因素(土地、劳动力、物质和技术投入因素)对粮食产量影响较大，特别是耕地面积及单产两个因素对总产量贡献极为显著；方福平和程式华(2009)通过对全国13个省(市)水稻生产的统计数据进行分析，发现因为栽培管理技术不同，同一个地点的同季节种植的水稻产量差异可以达到30%。从品种差异对影响粮食产量的研究则不多见，张其鲁等(2010)采用正交试验方法对影响小麦产量的因素进行分析，认为对小麦产量影响力从大到小依次为品种、灌水、施肥和播种，其中播种对产量影响不显著，品种与施肥、浇水、播种的相互作用显著，品种与其他技术的配合是高产的重要措施，因此品种选用时应注意其对水肥的反应。Alstom和Venner(2002)利用美国小麦新品种研发和推广的相关数据，通过建立经济模型来考察小麦品种权保护与小麦产量之间的关系，结果发现美国《植物新品种保护法案》实施30年来，对产量没有产生较为显著的影响。陈超、李道国(2004)通过对江苏、山东等六省的农户小麦、水稻、玉米等粮食作物生产情况进行调查分析，发现品种权保护品种对农户增收没有显著影响。主导品种是由政府层层筛选、由农业技术推广人员向农户重点推荐的优质良种，其对小麦产量贡献如何是衡量农业技术推广绩效的标准之一，有必要对此作较为深入的研究。

借鉴前人研究成果，本书把影响小麦产量的因素分为两大类，一类是技术因素，包括整地、播种、施肥、喷药、灌溉、收割等技术的采用；另一类是要素投入因素，包括化肥、机械、农药、灌溉、人工、资金等要素支出，本书重点分析主导品种的增产效果。

8.2 农户小麦技术选择及要素投入状况分析

8.2.1 小麦生产技术及农户选择状况

1. 小麦主要生产技术

许多生产技术都会对小麦产量产生重大影响，本书重点分析政府推介品种、精量播种、测土配方施肥、追施拔节肥、病虫害防治、农业机械化、秸秆还田等技术对小麦产量的影响。

（1）品种技术

品种是影响粮食产量最关键的因素之一，品种按照不同的标准有着不同的分类，按上市时间长短可以分为新品种与老品种，按小麦特点可分为强中筋和弱筋小麦品种，按小麦质量可分为优质小麦及普通小麦，本书重点研究主导品种的增产效果，因此把小麦品种分为政府推介的主导品种与非主导品种。主导品种是由政府层层筛选、由农业技术推广人员向农户重点推荐的优质良种，其对小麦产量的贡献是否显著是衡量农业技术推广绩效的重要标准之一。

（2）小麦精量播种技术

精量播种是小麦生产上重点推广的技术，它是在较好的肥水条件下，通过降低播种量，减少基本苗数，恰当处理群体与个体的矛盾，穗多和穗大的矛盾，防止群体过大，最终达到促进个体发育，使穗足、穗大、粒饱、产量高的成效。实行精量播种一般可节省小麦良种4～5公斤，亩增产小麦50～100公斤。精播麦田亩播种量一般为4～6公斤，基本苗80000～120000株，半精量播种亩播种量为6～8公斤，基本苗130000～160000株，精量播种麦田全部需要实行条播，平均行距18～22厘米，播深4～5厘米，要求用小麦精播机播种，以求播量准确、下种均匀、播深一致，从而保证播种质量。小麦精量播种技术对耕地及相关播种条件都有较高的要求，在播种适期内，可将每亩播种量分为5个层次：3～6公斤为精量播种，6～9公斤为半精量播种，9～12公斤为常量播种下限，12～15公斤为常量播种上限，15公斤及以上为过量播种（郭霞，2008）。根据淮河以北地区情况，一般每亩7～10公斤，若播种适期过后，每晚一天，播种量每亩可以适量增加0.25～0.5公斤，最多不应超过22.5公斤，本书把每亩不超过10公斤播种量的农户作为精量（半精量）农户，认为播种量超过10公斤的农户为非精量（半精量）播种农户。

（3）测土配方施肥技术

测土配方施肥是以肥料田间试验、土壤测试为基础，根据作物需肥规律、土壤供肥能力和肥料效应，在合理施用有机肥的基础上，提出氮、磷、钾及微量元素等肥料的施用量、施用肥种、施肥时期和施用方法。农作物生长的根基在土壤，植物养分 60%～70%是从土壤中吸收的，土壤里养分主要有三类：一是土壤里含量较少，农作物吸收利用较多的氮、磷、钾等大量元素；二是土壤里含量相对较多而农作物却需要较少的硫、硅、镁、钙等中量元素；三是土壤里含量很少、农作物需要也很少的，如铜、硼、钼、锌等微量元素。这些元素都是农作物必需的，当土壤中某些营养成分不足，就必须依靠施肥来补充，以达到营养均衡的目的。由于不同地域耕地营养成分具有较大的差异，因此，有必要对各个地区土壤中的营养成分进行检测，然后根据不同的情况进行营养成分的搭配。进行平衡施肥是一项较为复杂的技术，只有把该技术进行物化后农民才容易掌握，才容易被推广使用。目前实现测土配方施肥的途径主要是农业技术人员根据本地土壤测试结果进行配方，然后交化肥企业生产，最后卖给农民，这就使得复杂问题简单化，更容易发挥科学技术对农业的贡献率。为了加大测土配方施肥的推广工作，安徽省农业委员会于 2010 年 7 月印发了《安徽省加快推广配方肥料实施方案》，本书把农户分为采用配方肥技术与未采用施肥技术两种类型。

(4) 病虫害综合防治技术

病虫草害是影响小麦生产的一大制约因素，淮河以北地区常发病虫害有：小麦锈病、白粉病、赤霉病、麦蜘蛛、麦叶蜂、纹枯病、吸浆虫、粘虫、地下虫等，农户病虫害的防治对小麦产量具有显著的影响，本书以农户施药量来衡量农户的病虫害防治行为，并假定病虫害防治投入对产量有正向影响。

(5) 拔节肥技术

拔节孕穗期是决定小麦成穗率和结实率，夺取壮秆的关键时期，也是小麦一生中的第二个需肥高峰期，这一时期需肥量一般占总需肥量的 50%左右，科学追施拔节肥，可以保证小麦生长的需要，形成大穗，增加粒数，一般每穗可增加 3～4 粒，每亩增产 50 公斤左右。根据苗情确定追施拔节肥的最佳时机与施肥量对小麦产量有着十分重要的意义。

(6) 农业机械化技术

农业的根本出路在于机械化，小麦生产过程中的整地、播种、灌溉、收割、运输过程中机械的使用已较为普遍，不仅能节省大量劳动力，而且可以实现精细整地、精量播种等先进技术的推广和应用，农业机械使用对小麦有积极的影响。

(7) 秸秆还田技术

小麦秸秆切碎还田技术，既可以防止秸秆焚烧，保护环境，又能减少农田的化肥使用量，降低土壤的水蚀、风蚀，还能节约水源，是秸秆综合利用中最直接、最简单的方法，但由于该技术增产效果具有长期性、采用成本高的特点，农户对此技术采用积极性不高。

2. 农户技术采用状况

样本农户小麦种植技术选择情况，如表 8.1 所示。

表 8.1 农户小麦主要生产技术采用情况

技术名称	采用农户数	比例
主导品种	353	60.76%
精播技术	133	22.89%
病虫害防治	581	100%
测土配方技术	174	29.95%
拔节肥技术	336	57.83%
秸秆还田	5	0.09%
机械化技术	581	100%

从以上统计分析可以看出：① 农户主导品种采用状况不够理想，仅有 60.76% 的农户采用政府推介主导品种，进一步提高其覆盖率任务依然较为艰巨。② 农户对省工的农业机械化技术与直接影响产量的病虫害防治技术、拔节肥追施技术采用率较高。调研中发现在整地、播种及收割生产过程中，机械化已被普遍使用，节约了大量的农村劳动力，这也说明人力投入在农村生产的地位正在减弱。③ 农户对于测土配方施肥、精量(半精量)播种等新技术采用缺乏积极性。采用配方肥的农户仅约占样本农户的 30%，精量(半精量)播种技术仅占 22.89%，用种量偏大的问题普遍存在，一方面原因可能是精量播种对耕地质量要求过高，另一方面农户普遍存在只有密植才能高产的错觉。④ 农户对与产量直接影响不明显但有利于耕地可持续发展的技术采用积极性不高，如秸秆还田技术采用率极低，农户大多采用最简单最省力的焚烧的方式进行秸秆处理，这样不仅污染环境而且会造成耕地肥力下降，不利于耕地的可持续利用。

8.2.2 农户小麦生产投入要素分析

1. 农户小麦生产要素及对单产影响

从投入产出的角度来看，影响小麦单产的投入要素主要包括耕地、种子、化肥、农药、机械，劳动力等，不同要素投入对小麦生产影响有所不同，下面分别对各投入要素对小麦单产可能影响进行分析。

(1) 化肥

美国著名的作物育种专家、诺贝尔奖获得者 Norman E. Borlaug 指出，化肥对于 20 世纪全世界农作物产量增加的贡献率达到 50%。黄季焜等(1995)以水稻为例对化肥的作用进行了研究，结果表明，化肥增加有利于单产的增加，但各地区间的增产效果差异较大。张利庠等(2008)认为化肥对农作物产量的贡献率呈下降趋势,不可否认的是化肥的使用依然是农作物增产的关键因素之一。本书假设小麦产量与化肥投入成正向关系。

(2) 人工

人工是生产投入必需要素,随着农业机械的广泛应用及农村社会化服务的兴起,家庭劳动力投入在农业生产中的地位正在减弱,本书假设人工数量对产量影响不显著。

(3) 施药

病虫草害是影响粮食产量的重要因素,喷洒农药是目前抵御病虫害的主要手段,本书假设喷洒农药及其投入数量对小麦产量有着积极的影响。

(4) 灌溉

我国是自然灾害频发的国家,自然灾害对粮食生产具有明显的制约作用,干旱与洪涝是造成粮食减产甚至绝收的两个最主要的原因(庄道元等,2010)。皖北地区属黄淮海冬麦区,也是我国小麦单产最高的地区,然而该区域降水量偏少,严重制约了小麦单产的进一步提高,农户灌溉行为能有效减轻干旱影响、提高粮食产量。

(5) 用种量

根据土地情况进行适量播种是影响产量的关键因素,然而农民普遍担心播种量少会产生麦苗稀、穗子少、产量不高的后果,因而存在盲目加大用种量的现象,样本农户中普遍达到 15 公斤以上,有的甚至达到 30 公斤,这会造成小麦分蘖后麦苗拥挤、田间透风性差、个体生长细弱,最终造成产量的下降,播种量过大或过小对产量均有不利影响。

(6) 资本投入(播种、收割等)

资本是最重要的生产要素,替代性极强,资本投入包括除以上内容外的用于播种、收割、雇用人员及购买社会化服务等的支出,从一定程度上反映了农户要素投入及技术选用的慎重程度,本书假设资本投入对小麦产量具有正的影响作用。

(7) 小麦种植面积

农业生产是否存在规模经济是一个值得关注的问题,许多学者根据不同的样本对此进行了研究,孔祥智等(2004)利用北方小麦种植户的数据进行实证分析,结果表明小麦生产存在明显的规模经济;而郭霞(2008)对江苏省小麦种植户生产行为进行研究,则得到小麦生产不存在规模经济的结论,本书认为面积越大的农户小麦生产的地位就越重要,农户在品种选择、要素投入上就会更为谨慎,从而有利于小麦产量的提高。

2. 农户小麦生产要素投入统计分析

样本农户小麦生产投入要素统计分析如表 8.2 所示。

表 8.2 农户小麦生产要素投入统计分析

要素	单位	最大值	最小值	平均值	方差
化肥	元	200	14	102.77	52.59
人工	个	5	1	2.92	1.16
种子	公斤	30	5	14.33	4.21
施药	元	60	3	18.94	10.91
灌溉	元	60	0	19.94	17.95
资本	元	480	140	280.66	76.73
耕地	亩	105	1	7.99	11.40

8.3 小麦主导品种增产效果的实证分析

8.3.1 生产函数选择

通过函数来分析物质生产中投入与最大产出量之间相互关系的方法被称为生产函数分析，这种方法不仅可以确定影响产出的主要因素，而且可以计算出各投入要素对产出的贡献率。

常见的分析投入产出生产函数有柯布一道格拉斯生产函数、超越生产函数、超越对数生产函数和斯皮尔生产函数四种(郭霞，2008)，在综合分析各生产函数特点之后，本书选用最常用的柯布一道格拉斯生产函数来分析农户小麦生产的影响因素。

柯布-道格拉斯生产函数(Cobb-Douglas Production Function)是计量投入产出最常用的生产函数，它是由美国数学家柯布(C. W. Cobb)和经济学家保罗·道格拉斯(Paul H. Douglas)根据美国1899～1922年历史资料，探讨投入与产出关系时创造的函数，柯布一道格拉斯(C-D)生产函数在经济计量学与数理经济学上都拥有十分重要的地位。其基本形式是：

$$Y = AL^{\alpha}K^{\beta}\mu \quad (A > 0, 0 < \alpha < 1, 0 < \beta < 1, \mu \leqslant 1) \tag{8.1}$$

其中，Y 为工业总产值，A 为技术水平，L 为投入的劳动力数，K 为投入资本数，α 是劳动力产出的弹性系数，β 为资本投入的弹性系数，μ 表示随机干扰的影响。从模型中可以看出，科学技术、劳动与资本的投入是决定工业产值的要素。随着 α 与 β 取值的不同，C-D 生产函数会出现以下三个情况：

(1) 当 $\alpha+\beta>1$ 时，称为规模报酬递增，说明在现有技术水平下，扩大规模对生产有利。

(2) 当 $\alpha+\beta<1$ 时，称为规模报酬递减，表明在现有技术水平下，降低规模对生产更为有利。

(3) 当 $\alpha+\beta=1$ 时，称为规模报酬不变，表明在技术水平不变的情况下，规模变化率与产出变化率相同。

由 C-D 生产函数还可以得到以下非常有用的经济参数：

(1) 资本的边际产出 $MP_K=\frac{\partial Y}{\partial K}=\beta\frac{Y}{K}$，表示在劳动力不变的情况下增加单位资产投入所增加的产值。

(2) 劳动力边际产出 $MP_L=\frac{\partial Y}{\partial L}=\alpha\frac{Y}{L}$，表示在资本不变的情况下增加单位劳动力所增加的产值。

(3) 劳动力边际产出弹性 $\alpha=\frac{\partial Y}{\partial L}\cdot\frac{Y}{L}$，表示劳动力投入变化引起产值变化的比率。

(4) 资本产出弹性系数 $\beta=\frac{\partial Y}{\partial K}\cdot\frac{Y}{K}$，表示资本投入变化引起产值变化的比率。

(5) 劳动力对资本的边际替代率 $MRTS_{KL}=\frac{\partial Y}{\partial L}\Big/\frac{\partial Y}{\partial K}=\frac{\alpha}{\beta}\left(\frac{A}{Y}\right)^{\frac{1}{\beta}}L^{-\left(1+\frac{\alpha}{\beta}\right)}$，表示产值不变时增加单位劳动力所减少的资产投入量。

8.3.2 扩展的 C-D 生产函数

在经济研究实践中，影响产出的因素较为复杂，不仅受到投入要素的影响，还受到其他因素的制约，例如小麦产量除了受耕地、种子、化肥、农药、机械、资本等投入要素的影响外，还受到品种、施肥等生产技术的制约，因此，本书采用扩展的 C-D 生产函数对影响小麦产量的因素进行实证分析。对生产函数各投入要素取对数不仅可以有效降低异方差，而且具有较有价值的经济意义，即生产要素投入变化一个百分点导致产出变化的百分率，因此，本书选用扩展 C-D 生产函数的对数形式进行小麦产量影响因素的分析。

8.3.3 实证分析

1. 变量选择

主导品种对小麦单产是否具有显著影响是本书的研究重点，因此笔者选取亩产量(公斤)为因变量(Y)。由于调研时间为小麦收获不久，农户对小麦亩产量的记忆还比较清晰，考虑到数据的可获得性及可区分性，本书选择以下投入要素及技术因素作为自变量进行分析：

(1) 投入要素变量

本书选取以下小麦生产的投入要素：① 化肥(X_1)，是小麦生产中最重要的投入量，特别是化肥的氮、磷、钾等主要元素的折纯量对小麦生产影响至关重要，但是从农户视角进行化肥折纯量的调查、计算都比较困难，为了方便统计及保证计量的相对准确，本书采用每亩投入的资金量计量化肥要素的投入；② 人工(X_2)，投入人工数为每亩小麦整个生产过程投入的人工个数；③ 施药(X_3)，由于施药种类与施药量统计较为困难，本书以每亩施药的金额作为施药指标，没有进行病虫害防治的农户施药投入为 0；④ 灌溉(X_4)，用每亩的灌溉费用进行表示；⑤ 种子投入量(X_5)，用每亩播种量进行表示；⑥ 其他资金投入(X_6)，除以上投入要素外的其他资金投入，运输、整地、收割及一些购买社会化服务的资金支出；⑦ 小麦种植规模(X_7)，用农户小麦种植总面积表示，如表 8.3 所示。

表 8.3　变量名称定义说明及对因变量预计作用方向

变量名	单位	变量意义	方向
LnY	公斤	小亩产量(公斤)对数	
投入要素			
LnX_1	元	化肥投入对数	+
LnX_2	个	劳动力投入对数	+/−
LnX_3	元	农药投入对数	+
LnX_4	元	灌溉投入对数	+
LnX_5	公斤	种子投入量	+/−
LnX_6	元	其他资本投入对数	+
LnX_7	亩	小麦种植面积	+
影响因素			
D_1	0,1	是否采用主导品种，是等于 1，否等于 0	+
D_2	0,1	是否测土配方施肥，是等于 1，否等于 0	+
D_3	0,1	是否施拔节肥，是等于 1，否等于 0	+

(2) 技术采用变量

本书模型引入虚拟变量对农户技术采用情况进行分析：① 品种技术(D_1)，为了对政府推介主导品种对小麦产量影响进行分析，把该变量设置为虚拟变量，采用主导品种的农户取值为 1，使用非主导品种者为 0；② 测土配方技术(D_2)，该变量为虚拟变量，采用配方肥农户为 1，未采用者为 0；③ 是否施拔节肥(D_3)，施拔节肥农户为 1，未施拔节肥者为 0。

2. 模型设定

根据前面分析和假设，本书采用扩展的柯布一道格拉斯生产函数的对数形式如下：

$$\ln Y = \alpha_0 + \alpha_1 \ln X_1 + \alpha_2 \ln X_2 + \alpha_3 \ln X_3 + \alpha_4 \ln X_4 + \alpha_5 \ln X_5 + \alpha_6 \ln X_6 + \alpha_7 \ln X_7 + \alpha_8 D_1 + \alpha_9 D_2 + \alpha_{10} D_3 \quad (7.2)$$

其中，Y 为小麦每亩产量，X_1、X_2、X_3、X_4、X_5、X_6、X_7 分别表示小麦生产中化肥、劳动力、农药、灌溉、种子、资金及小麦面积等要素投入，α_i 为待估计的参数。D_1、D_2、D_3 为虚拟变量，分别表示农户主导品种、测土配方施肥、拔节肥技术采用情况，采用农户取值为 1，未采用农户取值为 0。

3. 回归结果及可能解释

本书采用最小二乘法，运用统计软件 eviews 5.0 进行拟合回归函数，模型回归结果如表 8.4 所示。

表 8.4　模型回归结果

变量	系数	标准误	T 值	概率
C	5.594***	0.123	45.55	0.000
$\mathrm{Ln}X_1$	0.032*	0.016	1.933	0.054
$\mathrm{Ln}X_2$	0.012	0.010	1.209	0.227
$\mathrm{Ln}X_3$	0.094***	0.012	8.067	0.000
$\mathrm{Ln}X_4$	0.007	0.004	1.647	0.101
$\mathrm{Ln}X_5$	−0.006	0.017	−0.361	0.718
$\mathrm{Ln}X_6$	0.048**	0.020	2.380	0.018
$\mathrm{Ln}X_7$	0.052***	0.013	4.049	0.001
D_1	0.097***	0.014	7.158	0.000
D_2	0.015	0.016	0.912	0.362
D_3	0.130	0.014	9.208	0.000
R^2	0.368	调整的显著水平	R^2	0.035
F-statistic	30.14	显著水平		0.00
DW	1.82			

注：*、**、*** 分别表示变量系数达到 10%、5%、1%的统计显著水平。

从模型运行结果看，方程 F 检验在 1%的显著水平下通过检验，说明方程整体较为显著，方程调整的 R^2 为 0.35，说明方程拟合优度较高，变量选取能够较好地解释因变量，模型整体设置较为合理。

从投入要素看，化肥、农药、资金及耕地四个变量分别在 10%、1%、10%及 1%显著水平下通过检验，从弹性系数来看对产量影响力从大到小依次为农药、面积、资金及化肥。具体分析如下：① 化肥投入依然是影响小麦产量的重要因素，与假设相一致，化肥资金投入量增加1%，小麦单产将提高0.032%；② 劳动力投入系数为正，但未能通过显著性检验，与假设相一致，小麦生产中劳动力的可替代性较为明显，劳动量减少不一定必然导致产量的减少，这与近年来大量农民外出务工但粮食产量却不断增加的事实相一致；③ 农药投入对产量具有较为显著的正的影响，与假设相一致，说明加强病虫草害防治工作对提高小麦产量极为关键；④ 灌溉投入弹性系数为正，说明灌溉对小麦生产具有积极的影响，原因可能是耕地土质及灌溉条件不同，灌溉投入与灌溉效果产生了一定的差异，加强农田水利建设对节约灌溉成本、提高粮食产量意义重大；⑤ 播种量弹性系数为负，未通过检验，从而验证了小麦生产中盲目提高播种量不仅会增加种植成本，而且对产量还可能产生负面影响，特别是2010年春季淮河以北地区雨水较多，过密的种植导致小麦大面积倒伏，从而影响了最终产量；⑥ 资金投入对产量有显著正的影响，与预期相一致；⑦ 小麦种植面积弹性系数为正且在1%的显著水平下通过检验，从而说明小麦生产存在一定的规模效应，这与孔祥智等(2004)对北方小麦生产中的研究结果较为一致。

从技术选择因素看：① 主导品种采用者对小麦产量有正的影响，并在1%显著水平下通过检验，这个结果非常理想，与宏观统计数据较为一致，也说明进一步加快主导品种的推广是提高小麦产量的一个关键环节；② 测土配方施肥系数为正，但未能通过显著性检验，可能的原因是在一个县(区)内土壤养分含量依然存在较大的差异，配方肥针对性还不够；③ 是否追施拔节肥对产量有较为显著的影响，其系数在1%显著水平下通过检验，与假设相一致，说明科学增施拔节肥对小麦产量具有十分重要的意义。

8.4 本章小结

本章对农户小麦种植技术、生产投入情况进行了分析，并对影响小麦产量的因素进行了实证研究，结论如下：

第一，农户对小麦新技术采用状况不容乐观。样本农户中普遍存在重品种、轻技术的现象，耕作技术粗放、播种量大、管理不到位等问题的存在导致小麦品种的增产潜力不能得到充分发挥，同一地区的相同品种由于技术采用差异导致产量差异十分显著。农户对直接影响小麦产量的拔节肥技术、病虫害防治技术采用较为重视，而对有利于耕地可持续发展的秸秆还田技术的采用缺乏积极性，可以说当前农业技术推广任务依然较为繁重，加快农业技术推广体系改革，建立农户技术采用的激励机制是一个值得进一步深入研究的课题。

第二，主导品种对小麦单产有显著的正向作用。实证结果表明，由各地推荐、专家筛选的小麦主导品种与其他老品种和新品种相比增产效果较为明显，进一步加快主导品种的推广、切实提高其覆盖率是目前提高小麦产量的有效手段，不断完善主导品种推荐制度对现阶段提高我国粮食生产能力具有十分重要的意义。

第三，投入要素中化肥、农药、资金对小麦单产有积极影响，小麦生产存在规模经济。增加化肥、农药投入依然是增产的一个重要因素，但在化肥及农药的使用中要注意肥料的合理搭配，不仅可以达到提高化肥使用效果、降低生产成本的目的，还可以防止因过度的施肥导致耕地板结硬化的不良结果。小麦生产中存在规模效应，主要原因可能是种粮大户在生产投入与技术选择上与小规模农户会有一定的差异，加快土地流转，促进种粮大户的形成机制有利于当前的粮食生产。此外，灌溉支出对小麦生产也具有明显的促进作用，说明加快农田水利建设，改善灌溉条件对粮食生产意义重大。

第四，病虫害的防治及拔节肥的追施是影响小麦单产的重要因素，而测土配方施肥则没有通过显著性检验。为此，农业技术部门一方面要加快推进病虫害的统防统治及追施拔节肥技术的推广工作，另一方面要对目前测土配方技术使用中存在的问题进行分析，寻找制约发挥其增产效果的因素，探求促进测土配方肥的增产潜力发挥的方法。

第9章　主要结论与政策建议

9.1　主要研究结论

主导品种推介是农业技术推广部门工作的重要内容，农户对主导品种的采用情况是衡量基层农业技术推广绩效的重要依据。本书通过对淮河以北地区埇桥、萧县、濉溪、烈山四县(区)581个农户2009～2010年度小麦主导品种的使用情况及满意度评价进行了抽样调查，并利用经济计量模型从农户选择行为、增产效果及主观满意度评价三个方面进行了实证分析，主要得出以下结论：

1. 农户资源禀赋及信息来源多元化使农业技术推广工作面临新的挑战

随着社会的发展，从事农业生产农户的资源禀赋发生了重大的变化，农户户主年龄较大、文化水平偏低使农户接受农业生产新技术的能力受到制约，大量人员外出务工及多种经营使农户角色产生较为明显的分化，农业技术需求的多样化也使农业技术推广工作面临新的难题。各种类型的农资种子销售部门不断涌现，农户获得信息的来源渠道日益多样化，政府农业技术推广的主体地位遭到削弱，其传播信息也在一定程度上受到干扰，缺乏判断能力的广大农户常常感到无所适从，这些都给农业技术推广工作带来新的挑战。

2. 农户具有较强的农业技术需求，不同类型技术需求差异较大

调查中发现多数农户认为非常需要或需要小麦种植技术的指导，对与生产直接相关的技术需求较为强烈，新品种、新化肥、新农药排在技术需求的前三位，而对与生产具有间接影响的技术采用积极性不高，如收割技术及秸秆还田技术排在后两位。

3. 农户小麦主导品种采用情况不够理想，多种因素影响农户对小麦的主品种的采用行为

调查结果表明，主导品种整体覆盖不够理想，选择政府推介小麦主导品种的农户仅有60%左右，与政府推广目标要求还有较大差距。本书从户主类型、家庭特征、经营特征、制度因素及其他因素等五个方面对农户主导品种的影响进行了实证分析，具体结论如下：

第一，户主特征、家庭类型因素对农户主导品种选择行为的影响。教育水平对农户采用主导品种的影响较为显著，户主受教育时间越长，其采用主导品种的概率越大，男性户主比女性户更有可能采用小麦主导品种，年龄对主导品种采用影响不显著。示范户主导品种的采用率显著高于普通农户，家庭收入、劳动力数量、是否兼业及与乡镇距离等因素对农户主导品种的选择影响不显著。

第二，经营特征变量对农户主导品种选择的影响。小麦种植规模显著影响农户品种的选择，规模大的农户比中小规模农户更有可能采用政府推介品种，耕地细碎化没有对农户主导品种推广产生不利影响。

第三，制度因素对农户主导品种选择行为的影响。良种补贴对农户主导品种的选择具有较为显著的正向影响，是否与农业技术人员有联系对农户主导品种的采用较为关键。

第四，其他因素对农户主导品种选择行为的影响。农户对小麦生产的重视程度、对品种的认知水平对农户采用主导品种具有较为显著的正向作用，而通过示范户进行示范推广的效果不够理想，其对农户主导品种选择行为具有正向影响，但未通过显著性检验。

4. 农户对主导品种推介制度整体评价不高，不同项目的满意度与重要性具有较大差异

首先，农户对主导品种推介满意度评价不够理想，综合得分仅为55.38分，说明基层农业推广工作亟待加强；其次，农户对主导品种产量、宣传效果、良种补贴的金额及补贴方式满意度相对较高，而对农技员的服务水平、工作态度、联系次数满意度较低；再次，四分图模型分析结果表明农技员工作水平、服务态度、推广内容、品种抗性、产量、宣传效果对整体评价重要性较高，而农技员联系次数、良种补贴金额及补贴方式对整体评价贡献稍低。

5. 多种因素影响小麦单产，主导品种对其具有较为显著的正向作用

提高作物产量是农业推广工作的一个核心目标，笔者从投入要素与技术选择两个方面对农户小麦单产的影响因素进行了实证分析，重点验证了主导品种对产量的影响作用，具体结论分析如下：

第一，投入要素对产量的影响。化肥是小麦生产最重要的投入要素，对小麦单产具有显著的正向作用，由于农业机械化的普遍使用及社会化服务的发展，产量对劳动力要素的依赖性已正在减弱，农药投入对小麦产量影响较为显著，而灌溉投入的增产效果不够明显。播种量偏大对产量产生负面影响，资金要素对其他要素投入具有良好的替代作用，其投入对小麦产量具有显著的正向作用。种植大户亩产量显著高于普通农户，说明小麦生产存在一定的规模效应。

第二，技术因素对小麦产量影响。政府推介主导品种增产效果明显，说明加快主导品种的推广是当前小麦增产的一个重要因素；测土配方施肥技术是根据土壤养分含量而专门配制的肥料，其对产量具有正向影响，但未能通过显著性检验，有必要对配方肥的技术与农户施用情况作进一步分析；拔节孕穗期决定小麦成穗率和结实率，是夺取壮秆的关键时期，也是小麦一生中的第二个需肥高峰期，实证结果表明增施拔节肥的农户产量显著高于其他农户。

9.2 对策建议

9.2.1 激励育种创新，切实提高种子质量

品种质量是影响农户选择行为的关键因素，调研中发现多数农户表示只要质量好价格高一点没有关系，因此，进行制度创新，提高我国育种创新水平是提高推广工作绩效的根本。

第一，要完善植物新品种保护制度，激励粮食作物品种的原始创新。

近年来，我国植物新品种保护工作得到了较快的发展，特别是《种子法》及《植物新品种保护条例》的颁布与实施，极大调动了科研单位及种子企业进行育种创新的积极性，新品种数量不断增加，在粮食增产、农民增收及农业综合实力提高等方面都发挥着较为积极的作用。然而，由于我国植物新品种保护条例中“科研免责”的规定，即允许育种家使用现有成果，进行育种创新而不需要对原品种权人支付费用的规定，可能助长模仿修饰育种，也就是说只要与已知品种具有一个明显区别的性状就可以进行品种权的申请并进而获得保护，这会严重挫伤需要投入巨大人力、物力才能完成的原始品种创新者的积极性，而这是导致我国作物育种创新水平长时间没有突破性进展、育种基础越来越窄的不良结果的主要原因(陈红等，2009)。因此，我国应抓紧完成对植物新品种保护条例的修改工作，建立和完善实质性派生品种保护制度，切实保护作物品种原始创新者的权益，激发科研人员进行原始创新的积极性，使我国育种技术不断实现新的突破，形成一批具有区域特色和世界先进水平的自主知识产权品种。

第二，加快种业的结构调整，增强种业的创新实力。

种子企业是种子产业的主体，种子企业强大的竞争力是种子质量的一个重要保证，而我国种子企业进入市场不足十年，企业力量还很薄弱，目前持证种子企业有8700多家，前十强种子企业仅占国内市场份额的13%，而且99%的种子企业没有品种研发能力，研发投入资金较少，侵权行为严重。我国最具实力的登海种业每年科研投入仅2000万元左右，而美国先锋公司每年研发投入达数亿美元。在种业国际化趋势发展的潮流下，加快我国种业的结构调整，做强做大种子龙头企业已成为一个必然趋势。为此，一方面要提高市场的准入条件，提高注册资金及生产水平等方面的要求，另一方面对现有种子企业通过兼并重组等形式提高其竞争力，融入种业的国际化链条，逐渐发展形成一批产学研相结合、育繁推一体化的国际大型种子企业。

9.2.2 严格筛选粮食作物主导品种

主导品种的推介对引导农户采用良种、增加粮食产量及保障国家粮食安全等方面都具有十分重要的意义,而主导品种的筛选是其能否顺利推广的基础。主导品种的筛选要在公开、公平、公正的原则下进行,要充分发挥基层农技人员与农户在主导品种推荐中的主体作用,在广泛调查的基础上确定候选名单并进行预公示,然后根据群众意见进行适当调整,要发挥专家的指导作用,对候选品种先进性、稳定性进行严格审查,确保主导品种是经过国家或省级审定、品质达到国家要求的优质品种。

9.2.3 完善供种企业的公开招标及责任追究制度

供种企业实力是主导品种质量的保证,是良种补贴政策得以顺利执行的基础。尽可能由省级主管部门直接组织供种企业的招标,不能由省级主管部门直接组织的要加强省级部门对各地级市的监管力度。政府要成立专门工作组对投标企业的资质、信誉、生产规模、加工设备、检验仪器、贮藏保管设施、技术人员及营业场所等条件进行严格审查,保护品种还须有品种权人的证书或生产经营授权书。要完善责任追究制度,对在供种企业招标中违规操作的个人与单位要进行责任追究,加强对供种企业的监督管理,出现种子质量问题的企业要依法追究其法律责任。

9.2.4 进一步完善良种补贴政策,增加技术采用补贴种类

良种补贴制度是在WTO框架下政府对农业的支持政策,良种补贴不仅可以降低农业生产成本,更重要的是对农户技术采用有着激励与导向作用,本书的实证表明良种补贴对农户选择主导品种具有显著影响。为了能更好发挥良种补贴的杠杆作用,有必要加大良种补贴的力度,改进补贴方式,品种补贴比直接补贴对引导农户采用优良品种作用更为明显,但这要求政府要加强对品种的筛选及供种企业竞标的监管工作,避免良种补贴中出现各种腐败问题。针对农户对补贴品种并未得到很好的配套(王秀东等,2008)的现状,有必要增加技术采用类型补贴,要把病虫害统防统治、秸秆还田等技术采用纳入补贴范围,充分发挥补贴的杠杆效应,激励农户采用政府推介品种及配套技术。

9.2.5 加快推进农业技术推广体系改革,完善农业技术人员的激励机制

第一,构建一主多元的农业技术推广体系。首先,要确立农业技术推广机构的公益性定位,进一步加大财政投入,改善基本工作条件,保证用于农业技术推广的资金逐年增长,按照科学合理、集中力量的原则,在适当范围内合理设置乡镇推广站及区域推广站等机构。其次,要充分调动各方面力量参与农业技术推广工作。

随着市场经济改革的不断深入，农业技术需求多样化趋势更加明显，仅靠政府农业技术推广体系难以满足农业发展的需要，因此，现阶段要按照农业科研、教育单位，涉农企业，农业产业组织，农村合作组织，中介组织广泛参与的原则，根据政府统筹、多方协作、优势互补、平等竞争的要求实现农业技术推广形式的多样化。

第二，建立完善农业技术推广人员的激励机制。基层农业技术推广人员是联系科研单位与农户的桥梁与纽带，他们为我国农业的发展做出了显著贡献。近年来我国农业技术推广体系改革取得了一定的成效，但是基层农业技术推广体系一直存在人员少、素质低、工作积极性不高的问题，管理体制不顺、经费投入不足、工作手段落后仍然制约着科技成果的推广效率。加大基层农技队伍的培训，提高农业技术推广人员的业务素质，完善工作绩效考评制度，逐步形成以农户为考核主体的新考核机制，建立与工作绩效挂钩的分配制度，切实转变人浮于事的工作作风。

第三，建立以农户需求为导向的科研与推广体系。我国的农业技术推广体系建立于计划经济时期，虽然近年来我国农业技术推广体系的改革取得了一定的成效，但我国以政府主导为主，采用行政手段由上到下的农业技术推广方式没有得到真正的改变，农户在农业技术推广中的地位依然没有得到足够的重视，随着市场经济的不断深入，这种推广体系的弊端已逐渐显现。按照市场经济中需求决定供给的原理，政府应搭建农户与推广机构的沟通平台，定期调查访问制度，建立以农户需求为导向的农业技术研发与推广体系。

9.2.6 加强农户的培训，提高其生产技术素质

农户是农业生产的主体，加强农户生产技能培训、提高其生产技术素质是提高农业技术推广绩效的关键因素之一。因此，应采用多种形式对农户进行培训。

第一，农业技术推广部门应该利用广播、电视、报纸、明白纸等形式向广大农户进行新品种、新技术的宣传，条件许可的地方可以邀请技术人员进村入户以讲课的方式对农户进行培训。建立农户与农技人员进行联系的平台，及时解答农户生产中存在的问题，利用现场会的形式让农户获得品种及技术使用的直接感知，大力发展农村教育，充分利用各级各类教育机构，提高农民的文化素质与生产技能素质。

第二，强化种田能手与示范户的培训工作，充分发挥示范带头作用。一般来说，种田能手与示范户具有较强的新事物接受能力和较高的积极性，农技员应该建立与种田能手及示范户较为稳定的联系，以点带面，通过集中培训、现场示范等途径进行新技术的培训工作。另一方面，要充分发挥示范户在技术推广中的扩散作用。由于农技人员数量有限，直接与农户联系具有一定的难度，通过种田能手及示范户向广大农户进行生产技术的扩散是实现新技术扩散的一个有效途径，本书研究表明示范户小麦产量显著高于普通农户，但其对普通农户带动作用不够显著，建立示范户技术扩散激励机制，提高其主动传播技术的积极性对农业技术的扩散具有重大的意义。

第三,特别注重女性户主的技术培训工作。本书调查数据显示,女性户主采用政府推介品种显著低于男性户主,随着男性劳动力外出务工人数的增多,女性户主数量将会增加,其在生产决策中的地位会更加突出,对女性户主进行重点培训有利于农业技术推广工作的顺利开展。

9.2.7　加快农村土地流转,发展适度规模经营

由本书研究可知,规模种植农户主导品种的选择行为与普通农户具有显著区别,而且小麦生产具有一定规模效应,因此,促进农村土地流转、积极扶持种粮大户对加快农业技术推广、提高我国粮食产量具有较为积极的意义。

一要加快提高土地流转的推动力。一方面,政府要做好农村劳动力转移的政策扶持,提高土地流转的推动力。积极实施农村劳动力转移就业工程,加大农村劳动力非农技能的培训力度,提高农村劳动力的非农就业能力,加快建立和完善农村社会保障制度,全面落实农村合作医疗制度、农村最低生活保障制度、农村养老保险制度,逐步削弱耕地的社会保障功能,解除土地流出户的后顾之忧。另一方面,政府要积极搭建土地流转平台,大力宣传党的土地政策,做好信息传递、法律咨询等中介服务,积极制定公平合理的交易规则,规范土地租金,妥善解决土地流转中存在的问题,切实保护双方当事人的合法权益,规范土地流转手续,形成具有法律效力的书面合同,消除合同纠纷隐患,实现承租方与出租方的双赢。

二要加大对种植大户的政策扶持力度,形成土地耕地流动的拉动力。农业生产不仅面临市场风险,而且要面对自然灾害所带来的影响,特别是干旱与洪涝灾害是造成粮食减产甚至绝收的两个最主要原因(庄道元等,2010),规模越大,其经营风险越大。政府要加大农田水利建设的力度,提高农业生产抵御自然灾害的能力,有必要借鉴发达国家经验,在我国广大农村建立完善农业保险制度。改变目前农业生产中“一刀切”及“普惠制”的补贴方式,建立和完善针对种粮大户的补贴制度,稳步提高粮食最低收购价标准,采取有效措施控制农资价格的上涨,逐步提高粮食收购的保护水平,保障粮食生产大户的利益,为种粮大户提供具有针对性的技术指导,帮助他们解决生产过程中的资金周转难题,真正调动农户扩大种粮规模的积极性。

9.3　研究展望

农业技术推广绩效的考评是一个系统工程,其考核内容、指标体系及影响环节都较为复杂,由于受到能力、资金、时间等方面的限制,本书仅以小麦主导品种为载体从农户采用、增收及满意度三个层次对农业技术推广绩效进行衡量,研究内容及

视角还需要进一步扩展。首先,不同作物品种主导推广可能存在一定的差异,因此,还需对农户水稻、玉米等主导品种选择行为进行调查研究,比较农户不同作物品种间选择行为的异同,并进一步分析其深层次原因。其次,农作物品种不仅具有公共产品的性质,而且具有较强的私有产品的性质,政府主导品种推介制度还会对种子产业产生较大影响,继续从种子企业视角对主导品种推广推介制度进行分析评价,才能使对该制度的评价更趋全面。再次,发达国家品种推广主体是种子企业,而在我国目前种子企业规模小、实力较弱的背景下,为了引导农户购种,我国政府进行主导品种的推介活动,随着种子企业实力进一步发展壮大,政府在种子推广中如何定位、政策如何调整也是需要进一步研究的课题。

附　录　1

农业部《农业主导品种和主推技术推介发布办法》

农科教发〔2004〕10号

各省、自治区、直辖市农业（农牧、农林）、农机、畜牧、兽医、农垦、渔业厅（委、局、办），新疆生产建设兵团农业局：

为贯彻落实《关于推进农业科技入户工作的意见》精神，加强对农业技术推广工作的指导，推进建立科技人员直接到户、良种良法直接到田、技术要领直接到人的工作机制，引导广大农民选择优良品种和先进适用技术，发挥科技对粮食增产、农业增效、农民增收的支撑作用，逐步规范农业主导品种和主推技术推介发布工作，我部制定了《农业主导品种和主推技术推介发布办法》，现印发给你们，请结合实际贯彻落实。

第一条　为加强对农业技术推广工作的指导，推进建立科技人员直接到户、良种良法直接到田、技术要领直接到人的工作机制，引导广大农民选择优良品种和先进适用技术，发挥科技对粮食增产、农业增效和农民增收的支撑作用，制订本办法。

第二条　农业部每年定期推介发布农业主导品种和主推技术信息。

主导品种是指增产潜力大、适应性广、抗性强、品质优、产量高的品种；主推技术是指促进优质高产、节本增效、防灾减灾以及环境保护方面的成熟技术。

第三条　主导品种和主推技术推介发布工作，坚持实事求是、公开、公平、公正的原则。

第四条　推荐、遴选与发布程序：

（一）农业部每年4月向各省、自治区、直辖市（以下简称“省”）农业（农牧、农林）、农机、畜牧、兽医、农垦、渔业厅（委、局、办）及新疆生产建设兵团农业局（以下统称“农业行政主管部门”）征集次年推介发布的农业主导品种和主推技术。

（二）在基层推荐和评选的基础上，各省农业行政主管部门于6月底以前将推荐材料报送农业部相关行业司局，抄送科技教育司。

（三）农业部相关行业司局组织专家遴选评审，于7月底以前将遴选结果送科技教育司汇总审核，8月底以前由农业部推介发布次年的主导品种和主推技术信息。

第五条 本办法推介发布的主导品种和主推技术范围：

（一）主要农作物和牧草良种及先进、适用、高效的综合栽培技术及病虫害防治技术。

（二）主要畜禽水产良种及其科学饲养与疫病综合防治技术。

（三）重要名特优新品种及其种养技术。

（四）先进适用的农业机械化与农业产业化关键技术。

（五）有利于农业资源循环利用和生态环境保护等可持续发展的适用技术。

第六条 所推荐的品种和技术应该有较强的区域适应性，并符合下列条件：

（一）农作物、牧草、畜牧、水产等新品种、新组合须经全国或省级品种审定（鉴定）机构审定（鉴定）。获得品种权的农作物品种在同等条件下优先推荐。

（二）农、牧、渔、农机、农村能源和农业环保方面的技术，获得国家或部（省）级鉴定（或认证）。

品种和技术推荐材料应包括名称、适宜区域、栽培及技术要点、所有者等详细内容。同一个品种或同一项技术下一年度可重复推荐。

第七条 各推荐单位负责人和技术（品种）持有者对所推荐技术（品种）信息的真实性负责。

第八条 推介发布的主导品种和主推技术应优先列入国家和省的推广计划中。

第九条 各地要及时通过广播、电视、报纸等新闻媒体和以挂图、光盘及现场观摩等方式对主导品种和主推技术进行广泛宣传和推介。

第十条 各省农业行政主管部门可参照本办法制定本省的农业主导品种和主推技术推介发布办法，并报农业部备案。

第十一条 禁止在推荐、遴选、发布主导品种和主推技术过程中以任何名义收取费用。

第十二条 本办法自二〇〇五年三月一日起施行。

第十三条 本办法由农业部负责解释。

附 录 2

安徽省《关于发布2009年农作物良种补贴项目主导品种的通知》

皖农发〔2009〕150号

各市、县(市、区)农委:

为加快农作物良种推广步伐,认真落实良种补贴政策,促进农业增产和农民增收,根据农业部办公厅、财政部办公厅《2009年中央财政农作物良种补贴项目实施指导意见》要求,结合我省农业生产实际,省农委按照县级推荐、市级审核、省级审定的原则,组织专家筛选确定2009年农作物良种补贴项目主导品种111个,其中水稻品种29个、小麦品种41个、玉米品种22个、棉花品种19个。现予以公布(详见附件)。

各地要因地制宜,优选适合本地种植的主导品种,在充分尊重农民意愿的基础上,引导农民选择使用主导品种。要认真做好主导品种的宣传推广,但不得以任何方式强迫农民种植。要组织农品种的示范展示和良种良法技术,充分发挥良种的增产潜力。要进一步产业化龙头企业和购销、加工企业,与配套农民签订主导品种生产订单,推进产业化经营,促进选用主导品种的农民增产增收。

二○○九年五月二十二日

2009年度农作物良种补贴项目主导品种目录

一、水稻

1. 中籼稻(24个):新两优6号、丰两优1号、两优6326、扬两优6号、丰两优香1号、新两优香4号、皖稻153、丰两优4号、华安501、两优029、广两优4号、天协6号、丰两优6号、Y两优1号、辐优827、皖稻103、皖稻181、川香优6号、两优827、两优华6、两优多系1号、两优100、新两优6380、丰优126。

2. 中粳稻(2个):皖稻68、天协1号。

3. 双季晚稻(2个):宁粳2号、当育粳2号。

4. 旱稻(1个):绿旱1号。

二、小麦

1. 半冬性品种(23个):烟农19、皖麦52、皖麦50、皖麦38、新麦18、豫麦70-36、泛麦5号、连麦2号、周麦18、邯6172、矮抗58、济麦20、淮麦25、西农979、开麦18、新福麦1号、皖麦38-96、煤生0308、淮麦22、郑麦366、豫麦70、周麦16。

2. 春性品种(18个):偃展4110、阜麦936、郑麦9023、皖麦44、安农0305、皖麦56、皖麦53、扬麦13、扬辐麦2号、扬麦12、皖麦33、扬麦18、宁麦13、扬麦158、扬麦17、扬麦15、扬麦11、皖麦54。

三、玉米

1. 耐密型(11个):郑单958、登海11、先玉335、苏玉20、中科11、弘大8号、益丰29、浚单20、鲁宁202、蠡玉35、蠡玉13。

2. 普通型(11个):中科4号、鲁单981、蠡玉16、淮河10号、鲁单9027、鲁单661、东单60、济单7号、农大108、金海5号、淮河8号。

四、棉花

1. 杂交棉(18个):鄂杂棉10号、皖杂40、楚杂180、湘杂棉8号、皖棉37、皖棉28、皖棉26、岱杂1号、湘杂棉11号、鄂杂棉11号、皖棉25、鲁棉研28、泗杂3号、中棉所53、中棉所48、皖棉30、皖棉27、科棉6号。

2. 常规棉(1个):皖棉34。

附　录　3

皖麦 52(丰华 8829)成为主导品种发展历程

2001 年进行小区材料比较试验,亩产达 605 公斤,在 24 个姊妹系中产量居第一位。

2002 年宿州市多点试验对比皖麦 19 增产 6.0%,表现突出,推荐安徽省区试。

2003 年参加安徽省小麦斗冬性组区试,由于阴雨寡照,淮河以北地区小麦赤霉病大发生,一般大田亩产在 200 公斤左右,但皖麦 52 区试亩产达 447.9 公斤,增产极显著。

2004 年在安徽省小麦半冬性组区试中,其中有 3 个试点亩产超过 610 公斤。在同步进行的安徽省生产试验中,平均亩产达 504.1 公斤,居参试品种第一位。皖麦 52 以区域试验、生产试验双第一,通过安徽省审定。

2005 年皖麦受农业部植物新品种保护办公室品种权保护。当年在宿州市夹沟农场大面积种植,平均亩产达 620 公斤,被安徽省农委批准为小麦良补品种。

2005～2007 年参加国家黄淮南片冬水组区试平均比对照增产 6.29%,达极显著水平,其中最高亩产达到 724.33 公斤。生产试验 13 个点汇总,全部增产,比对照增产 6.3%,达极显著水平。

2006 年 6 月 10 日,安徽省农委组织的专家组对宿州市小麦高产攻关核心示范区夹沟农场进行现场实行验收,亩产 602.7 公斤,这是安徽省历史上第一个经专家现场验收突破 600 公斤纪录的小麦品种。

2007 年通过国家审定,在黄淮区推广中表现优秀,成为安徽省第二大小麦良补品种,2009 年播种面积达 400 万亩。

2009 年在小麦午收期间,安徽连续阴雨 3 天,大多数小麦品种穗芽严重,而皖麦 52 抗穗发芽,保种率高,为安徽的农业生产做出巨大贡献。

2010 年被农业部定为黄淮麦区的主导品种。在黄淮麦区推广种植的大部分品种大面积倒伏,在小麦扬花期雨水较多,导致赤霉病发病严重,特别是烟农 19 倒伏面积大、千粒重高,而皖麦 52 没有倒伏,病害很轻,千粒重低,平均比烟农 19 增产 10%以上。

皖麦 52 于 2005 年通过安徽省审定,2007 年通过国家审定,品种权号为:CNA20040615.9。

附 录 4

皖麦 52 高产栽培技术

1. 秸秆还田,增地肥力

小麦收割后不要焚烧秸秆,粉碎后还田,深耕掩埋,经过 3~5 年可以提高土壤有机质含量 1%~2%,为小麦高产打下基础。

2. 精耕细作整地

播前深耕深翻一遍,旋耕耙平,做到土壤上松下实,无明显坷垃,可以有效改善土壤结构,提高土壤保墒能力。

3. 科学配方平衡施肥

亩产 600 公斤的施肥指标:纯氮 15 公斤,P_2O_3 8 公斤,K_2O 10 公斤,其中磷、钾肥均作底肥,氮肥施用实施“氮肥后移”技术,基肥比例为 50%,追肥比例占 50%,追肥时间掌握在小麦拔节孕穗期。

4. 进行药剂拌种,适期精量播种

为有效防治地下害虫,提高播种质量,播种前对所用种子全部进行包衣或用小麦专用拌种剂拌种。皖麦 52 在淮河以北地区适宜播种期为 10 月 8~24 日,根据土壤墒情,合理安排播期,争取做到适期早播。采用半精量机械播种,每亩播种量 10 公斤左右。如果墒情较差、播种迟可适当增加播种量。方法为条播,播种深度为 4 厘米左右,行距 20 厘米,确保一播全苗。

5. 田间管理

(1) 化学除草。田间草害适时防治,搞好化学除草,在小麦长到 3 叶期,用巨星除草剂对水喷洒一遍。

(2) 浇好“三水”。一是浇足越冬水。越冬水浇灌按照“看天、看地、看苗”原则,根据本地的具体情况,掌握在立冬至小雪期间浇足冬水。二是浇好起身拔节水。根据土壤墒情,控制浇水量,可以有效地控制无效分蘖过多,防止群体过大,提高产量。三是巧浇灌浆水。灌浆水对延缓小麦后期衰老、提高粒重有重要作用,一般应在小麦开花后 10 天左右根据墒情浇灌浆水。

(3) 拔节孕穗期追肥。追肥一般在小麦拔节期至孕穗期结合浇水追肥,以促进单株个体健壮发育,增加穗粒数,提高产量。施肥具体时间依苗情而定,一般追肥量为每亩 6~7 公斤纯氮。

(4) 防治病虫害。淮河以北地区近年小麦白粉病、锈病、赤霉病、纹枯病、蚜虫、红蜘蛛、小麦吸浆虫等病虫害均有发生,生长后期应切实注意,加强预报,及时进行药剂有效防治。特别是要加强对赤霉病的防治,因为淮河以北地区小麦生产后期往往阴雨较多,田间温度大,赤霉病均有不同程度发生,要在小麦抽穗扬花期用粉锈宁和多菌灵合剂等喷施。

(5) 适期收获。收获时期对小麦产量和品质影响很大。收获期过早,千粒重降低,并且籽粒品质差;收获期过晚,易倒、掉穗、落粒,影响产量。要在蜡熟末期至完熟期收获小麦,提倡用联合收割机收割,麦秸秆还田。

附　录　5

安徽省农户小麦品种使用情况调查问卷

农民朋友您好！

为了解小麦生产技术采用情况，探索加快科技推广的机制，本课题组特组织本次调查，谢谢您的配合与支持！

调查地点：安徽省__________县(市)__________乡(镇)__________村

一、农户基本情况

1. 您家(是、否)示范户，户主性别：(男、女)；年龄：______；文化程度：________。
2. 您家人口________人，劳动力(16～60岁)______人，在外务工________人。
3. 您家庭收入主要来源：__________________
   ① 种植　② 养殖　③ 工资性收入　④ 非农经营性收入　⑤ 其他收入
4. 其中农业纯收入共________元，粮食纯收入________元。
5. 您家共有土地__________亩，其中租种别人家的土地__________亩，租金共__________元，您家今年小麦种植共__________亩，共有__________地块，用于销售的小麦比例________%。
6. 您家距离乡(镇)政府的距离(　　　)。
   ① 小于1公里　② 1～2公里　③ 2～3公里　④ 3～4公里　⑤ 4公里以上

二、小麦品种选择情况

1. 您需要小麦种植的相关技术吗？(　　　)
   ① 非常需要　② 比较需要　③ 一般　④ 不需要
2. 小麦生产中，您最需要哪种技术或信息？________________(可多选)。
   ① 新农药　② 新品种　③ 新肥料　④ 播种及管理方法
   ⑤ 病虫害的防治技术　⑥ 小麦市场信息
   ⑦ 施肥方法　⑧ 抗灾方法
3. 影响您选择小麦品种最重要的因素为(　　　)
   ① 种子质量　② 品种价格　③ 有无良种补贴　④ 政府要求　⑤ 适合管理
4、您最关注小麦品种的哪些特性？(　　　)

① 高产　② 抗倒伏　③ 抗病虫　④ 售价格高　⑤ 好吃　⑥ 其他__________

5. 您认为哪些人对您选择品种影响最大？____________(选三个)

① 农技员　② 示范户　③ 种子销售人员　④ 邻居　⑤ 亲戚朋友

⑥ 根据自己的经验

6. 您一般在播种前多长时间准备小麦种子？(　　　)

①播种当天　② 播种前一周　③ 播种前 2 周　③ 播种前 3 周　④ 30 天以上

7. 您最主要是从哪里了解新品种信息的？(　　　)

① 看其他农户种植过　② 别人的推介(具体是：A. 上级行政部门；B. 经销商；C. 农技人员；D. 邻居、亲戚、朋友；E. 大户或示范户)　③ 媒体的宣传(具体是：A. 电视 B. 广播 C. 报纸、杂志 D. 因特网)　④ 其他________(请填写)

8. 您种植的小麦品种是从哪里获得的？(　　　)

① 县种子公司　② 当地个体经销商　③ 乡镇农技站　④ 村上统一定购

⑤ 自己留种　⑥ 与他人兑换

9. 您更喜欢采用小麦(　　　)

① 新品种　② 老品种

10. 您三年内更换了(　　　)次小麦品种。

11. 您购买小麦种子是(　　　)

① 自己单独购买　② 联户合伙购买　③ 通过合作组织(协会)统一购买

④ 村里组织定购

12. 您对新出现品种的态度是(　　　)

① 先观望后决定　② 先少量试种后决定　③ 有就大量购买

④ 其他(请说明)__________

13. 您去年与农技员联系__________次。

14. 您去年在小麦生产过程中的哪些环节得到过农技员的指导？________(可多选)

① 选种　② 育秧　③ 移栽　④ 灌溉　⑤ 施肥　⑥ 病虫害防治　⑦ 收割

⑧ 销售　⑨ 没有得到过农技员的任何指导

15. 您去年有没有参加过新品种的培训？(　　　)

① 有　② 没有

16. 您认为农技部门推介小麦品种的质量如何？(　　　)

① 政府推介的质量有保证　② 质量一般　③ 不好

17. 您认为农技部门以何种方式推广新品种最好？(　　　)

① 个别辅导　② 小组辅导(包括现场会、试验示范、培训班)　③ 黑板报

④ 发放小册子　⑤ 通过示范户或种植大户带动　⑥ 大众传媒(电视、广播、报纸等)

三、2009～2010年度小麦生产状况

1. 您使用的小麦品种为______________，第____________年使用。
2. 它是政府推介的品种吗？（　　　　）
   ① 是　② 不是　③ 不清楚
3. 品种来源是（　　　）
   ① 购买　② 自己留种　③ 与别人兑换
4. 小麦产量亩产______斤，每亩用种______斤，种子每斤折合______元。
5. 是否进行测土配方施肥？（　　　）
   ① 是　② 否
6. 有无施拔节肥（麦子开始长穗时施肥）？（　　　）
   ① 有　② 没有
7. 每亩施肥______斤，折合______元。
8. 每亩喷药______元，灌溉______元。
9. 每亩小麦生产成本共______元，劳动力______个。

四、农户小麦主导品种推介的满意度评价

主要评价内容	具体评价指标	请在您认为的满意程度的数字上打“√”
宣传效果	1. 宣传效果	⑤ 很满意　④ 满意　③ 一般 ② 不满意　① 很不满意
种子质量	2. 产量	⑤ 很满意　④ 满意　③ 一般 ② 不满意　① 很不满意
	3. 抗性（倒伏、病虫）	⑤ 很满意　④ 满意　③ 一般 ② 不满意　① 很不满意
	4. 该品种小麦售价	⑤ 很满意　④ 满意　③ 一般 ② 不满意　① 很不满意
农技员服务	5. 农技员推广内容	⑤ 很满意　④ 满意　③ 一般 ② 不满意　① 很不满意
	6. 农技员业务水平	⑤ 很满意　④ 满意　③ 一般 ② 不满意　① 很不满意
	7. 联系次数	⑤ 很满意　④ 满意　③ 一般 ② 不满意　① 很不满意
	8. 农技员服务态度	⑤ 很满意　④ 满意　③ 一般 ② 不满意　① 很不满意
小麦良种补贴政策	9. 补贴方式（补贴到指定品种）	⑤ 很满意　④ 满意　③ 一般 ② 不满意　① 很不满意
	10. 小麦良种补贴金额	⑤ 很满意　④ 满意　③ 一般 ② 不满意　① 很不满意

参 考 文 献

[1] ANDERSON, JOCK R. 2007. Agricultural advisory services[R]. Background paper for the World Development Report 2008. Agriculture and Rural Development Department. Washington D C: World Bank.

[2] BAIDU-FORSON J. 1999. Factors influencing adoption if land-enhancing technology in the Sahel: lessons from a case study in Niger[J]. Agricul Econ, 20(3): 231-239.

[3] FEDER G, JUST R, ZILBERMAN D. 1985. Adoption of agricultural innovations in developing countries: a survey[J]. Econ: Develop and Cultural Change, 33: 255-298.

[4] FEDER G, SLADE R. 1984. The acquisition of information and the adoption of techonlogy[J]. American Journal of Agricultural Economics, 66: 312-320.

[5] BERNARDIN H J, BEATTY R W . 1984. Performance appraisal: assessing human behavior at work[M]. Boston: Kent Publishers: 325-341.

[6] JOCK R ANDERSON, GERSON FEDER. 2003. Rural extension services. World Bank Policy Working Paper 2976.

[7] JULIAN M ALSTON, RAYMOND J. 2002. Venner: the effect of the US plant variety protection act on wheat genetic improvement[J]. Research Policy, 31: 527-542.

[8] ALLAN M MOHRMAN. 1989. Designing performance appraisal system[M]. Jossey-Bass Inc. & Jossey-Bass Limited: 25-28.

[9] BIRKHAEUSER. 1991. The economic impact of agricultural extension: a review[J]. Economic Development and Cultural Change, (03).

[10] DIAZ C, HOSSAIN M, MERCA S, et al. 1998. Seed quality and effect on rice yield: findings from farmer participatory experiments in Central Luzon, Philippines[J]. Philippine Journal of Crop Science, 23(2): 111-119.

[11] FORNELL D, LARCKER F. 1983. Evaluating structural equation models with unobservable variable variables and measurement error[J]. Journal of Marketing Research, (18): 39-50.

[12] GREGORY D WOZNIAK. 1987. Human capital, information and the early adoption of new technology[J]. The Joural of Human Resources, 22(1): 101-112.

[13] HERATH H M G, HARDAKER J B, ANDERSON J R. 1983. Choice of varieties by Srilanka rice farmers: comparing alternative decision models[J]. Amer. J. Agr. Econ, 64: 87-93.

[14] HOMA J D, SMALE M, OPPEN M VON. 2007. Farmer willingness to pay for Seed-related information: rice varieties in Nigreia and Benin[J]. Environment and Development Economis, 12(6): 799-825.

[15] MURPHY K R, CLEVELAND J N. 1991. Performance appraisal: an organizational perspective. Boston: Allyn and Bacon Publisher: 25-72.

[16] KASETSART UNIV, BANGKOK. 1991. Graduate school, rice farmers′ behavior on input use under risk in Changwat Ubon Ratchathnai.

[17] NIMAL A. FERNANDO. 1988. Factors limiting the effectiveness of extension service systems in developing countries: an analysis of evidence from Sri Lanka's Coconut Sub-Sector[J]. Agric. Admin. & Extension, 30:233-243.

[18] OLIVER R L. 1980. Dissatisfaction and complaining behavior[J]. Journal of Consumer satisfaction, (2):1-6.

[19] OWENS, HODDINOTT, KINS EY. 2001. The impact of agricultural extension on farm production in resettlement areas of Zimbabwe.

[20] PURCELL D, ANDERSON J R. 1997. Agricultural extension and research: achievements and problems in national systems[R]. 257-264

[21] ROGERS E M. 1995. Diffusion of innovation[M]. New York: The Free Press.

[22] ROSEGRANT, ROBERT EVENSON. 1995. Total factor productivity and sources of llong-term growth in Indian agriculture. Eptd Discussion Paper No. 7.

[23] SHEIKH A D, REHMAN T, YATES C M. 2003. Logit models for identifying the factors that influence the uptake of new 'No-tillage' technologies by farmers in the ricewheat and cotton-wheat farming Systems of Pakistan's Punjab[J]. Agricultural Systems, 75:79-95.

[24] UMALI, DINA-DEININGER. 1996. New approaches to and old problem: the public and private sector in extension[R]. Washington, D C.

[25] 西奥多·W·舒尔茨. 1987. 改造传统农业[M]. 梁小民,译. 北京:商务印书馆.

[26] A·W·范登班. 1990. 农业推广[M]. 张宏爱,等,译. 北京:北京农业大学出版社.

[27] 卜范达,韩喜平. 2003. 农户经营内涵的探析[J]. 当代经济研究,(9):37-41.

[28] 曹光乔,张宗毅. 2008. 农户采纳保护性耕作技术影响因素研究[J]. 农业经济问题,(8):69-74.

[29] 曹建民,胡瑞法,黄季焜. 2005. 技术推广与农民对新技术的修正采用[J]. 中国软科学,(6):60-66.

[30] 常向阳,姚华锋. 2005. 农业技术选择影响因素的实证分析[J]. 中国农村经济,(10):36-41.

[31] 陈超,李道国. 2004. 品种权保护对农户增收和影响分析[J]. 中国农村经济,(9):38-42.

[32] 陈超,周宁. 2007. 农民文化素质的差异对农业生产和技术选择渠道的影响:基于全国十省农民调查问卷的分析[J]. 中国农村经济,(9):33-38.

[33] 陈红,刘平,吕波,等. 2009. 我国建立实质性派生品种制度的必要性讨论[J]. 农业科技管理,(2):10-12.

[34] 陈红卫. 2005. 论新时期农业推广中农民行为规律变化及对策[J]. 中国农学通报,(7):428-430.

[35] 陈娟,秦自强. 2007. 我国农业科技推广体系现状、问题及对策[J]. 四川农业大学学报,(2):195-198.

[36] 池泽新. 2003. 农户行为的影响因素、基本特点:制度启示[J]. 农业现代化研究,(5):368-370.

[37] 段钢. 2007. 基于战略管理的绩效考评[M]. 北京:机械工业出版社:17-21.

[38] 方福平,程式华. 2009. 论中国水稻生产能力[J]. 中国水稻科学,(6):559-566.

[39] 丰作成. 2008. 浅谈农作物主导品种推介制度[J]. 种子世界,(9):9.
[40] 高启杰,谢建华,申建为,等. 2005. 关于基层农业技术推广体系发展与改革的思考[J]. 调研世界,(12):10-13.
[41] 高启杰. 1995. 农业科技成果的供求矛盾与对策研究[J]. 中国农村经济,(10):46-49.
[42] 高启杰. 2008. 农业推广理论与实践[M]. 北京:中国农业大学出版社.
[43] 高启杰. 1997. 现代农业推广学[M]. 北京:中国科学技术出版社.
[44] 高启杰. 2010. 中国农业推广组织体系建设研究[J]. 科学管理研究,(28):107-109.
[45] 高铁梅. 2006. 计量经济分析方法与建模[M]. 北京:清华大学出版社.
[46] 高雪莲. 2010. 我国自助型农业推广组织的发展模式与绩效分析:以河北省元氏县农林牧联合会为例[J]. 科技管理研究,(8):230-234.
[47] 顾焕章. 1993. 技术进步与农业发展[M],南京:江苏科学技术出版社.
[48] 郭霞. 2008. 基于农户生产技术选择的农业技术推广体系研究[D]. 南京:南京农业大学.
[49] 韩明谟. 2001. 农村社会学[M]. 北京:北京大学出版社:31-33.
[50] 韩喜平. 2007. 我国粮食直补政策的经济学分析[J]. 农业技术经济,(3):80-84.
[51] 何竹明. 2007 农技推广应用中农户参与行为及影响因素研究[D]. 杭州:浙江大学.
[52] 胡冰川. 2006. 粮食生产的投入产出的影响因素分析[J]. 长江流域资源与环境,(1):72-75.
[53] 胡瑞法,黄季焜,项诚. 2010. 中国种子产业的发展、存在问题和政策建议[J]. 中国科技论坛,(12):123-127.
[54] 胡瑞法,黄季焜. 2001. 农业生产投入要素结构变化与农业技术发展方和方向[J]. 中国农村观察,(6):9-16.
[55] 胡瑞法,李立秋. 2004. 农业技术推广的国际比较[J]. 科技导报,(1):26-29.
[56] 胡瑞法. 1995. 农业技术诱导理论及其应用[J]. 农业技术经济,(4):24-29.
[57] 扈映. 2009. 基层农技推广体制改革研究[M]. 杭州:浙江大学出版社.
[58] 黄季焜,胡瑞法,智华勇. 2009. 基层农业技术推广体系 30 年发展与改革:政策评估和建议[J]. 农业技术经济,(1):4-10.
[59] 黄季焜. 1998. 科技:解决中国粮食问题之关键[J]. 科技潮,(11):36.
[60] 黄武. 2008. 论公益性农技推广的多种实现形式[J]. 农村经济,(9):98-102.
[61] 贾刚民. 2007. 从农户用种的角度探讨促进河南小麦生产的对策[J]. 安徽农业科学,(35):5622-5623.
[62] 金成晓,纪明辉,邵鲁. 2008. 基于 logit 模型对中国上市公司治理失效问题的实证研究[J]. 吉林大学社会科学学报,(3):101-105.
[63] 靖飞. 2008. 江苏省水稻生产投入要素及影响因素实证研究[J]. 技术经济,(2):75-80.
[64] 柯水发. 2007. 农户参与退耕还林行为理论与实证研究[D]. 北京林业大学:12-13.
[65] 孔祥智,方松海,庞晓鹏,等. 2004. 西部地区农户禀赋对农业技术采纳的影响分析[J]. 经济研究,(12):85-95.
[66] 孔祥智,庞晓鹏,张云华. 2004. 北方地区小麦生产的投入要素及影响因素实证分析[J]. 中国农村观察,(4):2-7.
[67] 李冬梅,刘智,唐殊,等. 2009. 农户选择水稻新品种的意愿及影响因素分析:基于四川省水稻主产区 402 户农户的调查[J]. 农业经济问题,(11):44-50.

[68] 李立秋,胡瑞法,刘健,等. 2003. 建立国家公共农业技术推广服务体系[J]. 中国科技论坛,(11):125-128.

[69] 李瑞华,李明秋. 2009. 河南粮食产量影响因素分析[J]. 广东农业科学,(7):323-325.

[70] 李小军. 2005. 粮食主产区农民收入问题研究[D]. 北京:中国社会科学院.

[71] 李延芳,杨顺坡,武佳枚. 2010. 基于层次分析法对水利工程建设监理项目顾客满意度的评价[J]. 经济研究导刊,(11):187-189.

[72] 李友华,韦恒. 2008. 科技成果推广转化绩效评价理论与方法研究[M]. 北京:中国农业出版社:20-25.

[73] 李友华. 2007. 科技成果推广转化特点及其绩效的评价方法[J]. 哈尔滨商业大学学报:社会科学版,(2):39-41.

[74] 梁子谦,李小军. 2006. 影响中国粮食生产的因子分析[J]. 农业经济问题,(11):19-22.

[75] 廖西元,王志刚,朱述斌,等. 2008. 基于农户视角的农业技术推广行为和推广绩效的实证分析[J]. 中国农村经济,(7):4-13.

[76] 林毅夫,沈明高. 1990. 我国农业技术变迁的一般经验和政府含义[J]. 经济体制改革,(2):10-17.

[77] 林毅夫. 1994. 让中国农民与市场经济结缘[J]. 中国改革,(5):24-26.

[78] 刘武,杨雪. 2006. 论政府公共服务的顾客满意度测量[J]. 东北大学学报:社会科学版,(3):129-132.

[79] 刘新. 2007. 有机茶推广体系建设及其绩效研究[D]. 杭州:浙江大学.

[80] 刘新燕,刘雁妮,杨智,等. 2003. 顾客满意度指数(CSI)模型述评[J]. 当代财经,(6):57-60.

[81] 娄迎春,李琦. 2009. 基于平衡计分卡的基层农技推广机构绩效评价体系设计[J]. 中国农技推广,(12):8-10.

[82] 卢纹岱. 2009. SPSS for Windows 统计分析[M]. 北京:电子工业出版社.

[83] 罗忠玲,凌远云,罗霞. 2006. 农作物新品种的推广体系研究[J]. 统计与决策,(6):127-129.

[84] 戚湧,李千目. 2009. 科学研究绩效评价的理论与方法[M]. 北京:科学出版社:6-8.

[85] 恰亚诺夫. 1986. 农民经济组织[M]. 肖正洪,译. 北京:中央编译局出版社.

[86] 丘兴平. 2004. 历史与现实的思考:农户经济学[J]. 中国经济评论,(9):59-62.

[87] 邵法焕. 2005a. 我国农业技术推广绩效评价若干问题初探[J]. 科学管理研究,(3):80-83.

[88] 邵法焕. 2005b. 我国农业技术推广体系改革创新与发展趋势[J]. 农村经济,(9):104-107.

[89] 申红芳,廖西元,王志刚,等. 2010. 基层农技推广人员的收入分配与推广绩效:基于全国14省44县数据的实证[J]. 中国农村经济,(2):57-67.

[90] 宋家永. 2008. 河南小麦品种演变分析[J]. 中国种业,(6):34-36.

[91] 孙宇,刘武,范明雷. 2009. 基于顾客满意度的公共服务绩效测评:以沈阳市为例[J]. 沈阳大学学报,(2):30-35.

[92] 佟屏亚. 2007. 中国种子产业形势及发展趋势[J]. 调研世界,(2):18-21.

[93] 汪三贵,刘晓展. 1996. 信息不完备条件下农民接受新技术行为分析[J]. 农业经济问题,(12):36-37.

[94] 王良健,罗凤. 2010. 基于农民满意度的我国惠农政策实施绩效评估:以湖南、湖北、江西、

四川、河南省为例[J]. 农业技术技术经济,(1):56-63.
[95] 王秦,顾焕章. 2004. 非市场条件下农业技术的诱导创新模型:以江苏省水稻品种改良为例[J]. 南京农业大学学报,(2):109-113.
[96] 王秀东,王永春. 2008. 基于良种补贴政策的农户小麦新品种选择行为分析:以山东、河北、河南三省八县调查为例[J]. 中国农村经济,(7):24-31.
[97] 王志刚,阮刘青,廖西元. 2007. 农技推广与农户满意度浅析[J]. 中国农技推广,(9):10-11.
[98] 魏正果. 1994. 农业经济学[M]. 西安:陕西科学技术出版社.
[99] 翁贞林. 2008. 农户理论与应用研究进展与述评[J]. 农业经济问题,(8):93-98.
[100] 吴玲,李翠霞,李友华. 2008. 生态环境保护科技成果推广绩效评价研究[J]. 哈尔滨工业大学学报,(1):109-112.
[101] 谢凤杰,谭砚文. 2007. 农业补贴政策的理论分析[J]. 华南农业大学学报:社会科学版,(1):43-49.
[102] 邢卫锋. 2004. 影响农户采纳无公害蔬菜生产技术的因素及采纳行为研究[D]. 北京:中国农业大学.
[103] 徐明. 2007. 良种补贴效应透视[J]. 农村工作通讯,(6):12-13.
[104] 许无惧. 1997. 农业推广学[M],北京:经济科学出版社.
[105] 许无惧. 1998. 世界范围看农业技术推广[J]. 科技潮,(2):6-7.
[106] 薛海霞,黄明学. 2008. 农业技术推广促进农业增长的实证研究[J]. 农业经济,(12):66-67.
[107] 闫书颖. 2007. 国际种子企业并购对中国种子产业发展的启示[J]. 财经问题研究,(7):73-77.
[108] 阎文圣. 2002. 中国农业技术应用的宏观取向与农户技术采用行为诱导[J]. 中国人口资源与环境,(3):27-31.
[109] 杨红旗,汪秀峰,郝仰坤,等. 2009. 河南省优质专用小麦的生产发展分析[J]. 中国种业,(9):35-37.
[110] 杨建仓. 2008. 我国小麦生产发展及其科技支撑研究[D]. 北京:中国农科院.
[111] 杨仕华,程本义,沈伟峰. 2005. 中国水稻品种推广趋向分析[J]. 杂交水稻,(3):6-8.
[112] 杨志武,钟甫宁. 2010. 农户种植业统一决策的实现形式探讨[J]. 生产力研究,(4):52-54.
[113] 姚华锋. 2006. 江苏省农户粮食作物新品种选择实证研究[D]. 南京:南京农业大学:32.
[114] 袁建华,赵伟,郑德亮. 2010. 农村公共投资满意度情况调查及其敏感度分析[J]. 中国软科学,(3):58-65.
[115] 张冬平,刘旗,管清生,等. 1995. 农业科技长期规划的德尔菲设计[J]. 农业科技管理,(11):26-28.
[116] 张舰,韩纪江. 2002. 有关农业新技术采用的理论及实证研究[J]. 中国农村经济,(11):54-60.
[117] 张蕾,陈超,展进涛. 2009. 农户技术信息的获取渠道与需求状况分析:基于 13 个粮食主产省份 411 个县的抽样调查[J]. 农业经济问题,(11):78-83.
[118] 张蕾,陈超,朱建军. 2010. 基层农技员推广行为与推广绩效的实证研究[J]. 南京农业大

学学报:社会科学版,(1):14-19.

[119] 张利庠,彭辉,靳兴初. 2008. 不同阶段化肥施用量对我国粮食产量的影响分析:基于1952～2006年30个省份的面板数据[J]. 农业技术经济,(4):85-94.

[120] 张平治,徐继萍,范荣喜,等. 2009. 安徽省小麦品种演变分析[J]. 中国农学通报,25(23):195-199.

[121] 张其鲁,魏秀华,郑以宏,等. 2010. 施肥、播种、浇水和品种因互作对小麦产量的影响[J]. 山东农业科学,(4):16-19.

[122] 张韦华,张万兵,彭丽. 2010. 河南省上蔡县小麦品种利用现状[J]. 北京农业,(15):19-20.

[123] 张文霖. 2006. 主成分分析在满意度权重确定中的应用[J]. 市场研究,(6):18-22.

[124] 赵翠萍. 2007. 以需求为导向的农业技术进步路径[J]. 池州学院学报,(12):37-40.

[125] 智华勇,黄季焜,张德亮. 2007. 不同管理体制下政府投入对基层农技推广人员从事公益性技术推广工作的影响[J]. 管理世界,(7):66-74.

[126] 周宁,展进涛,陈超. 2008. 基于UPOV 1991年文本有关实质性派生品种权的探讨[J]. 农业科技管理,(2):34-36.

[127] 周曙东,吴沛良. 2003. 市场经济条件下多元化农技推广体系建设[J]. 中国农村经济,(4):57-62.

[128] 周未,刘涵,王景旭,等. 2010. 农户超级稻品种采纳行为及影响因素的实证研究:基于湖北省农户种植超级稻的调查[J]. 华中农业大学学报:社会科学版,(4):32-36.

[129] 朱广其. 1996. 农业现代化过程中的农业技术进步机制[J]. 农业现代化研究,(3):63-65.

[130] 朱希刚,赵绪福. 1995. 贫困山区农业技术采用的决定因素分析[J]. 农业技术经济,(5):18-26.

[131] 朱希刚. 2004. 技术创新与农业结构调整[M]. 北京:中国农业科学技术出版社.

[132] 朱小梅,柏振忠,王红玲. 2005. 湖北省公益性农业技术推广服务体系改革模式的利弊分析[J]. 中国农村经济,(12):22-28.

[133] 庄道元,曹建华,徐珍源. 2004. 关于我国农户农业投资行为的理性分性[J]. 经济论坛,(17):108-109.

[134] 庄道元,陈超,张蕾. 2010. 新农村建设中农业知识产权保护问题的研究[J]. 科技管理研究,(7):183-184.

[135] 庄道元,陈超,赵建东. 2010. 不同阶段自然灾害对我国粮食产量影响的分析[J]. 软科学,(9):39-42.

后　记

光阴似箭，岁月如梭，转眼已到不惑之年，在书稿完成之际，回首往事，不禁心潮澎湃，感慨万千。回首自己的求学道路，迷茫、痛苦、快乐交织在一起，不仅有汗水的付出，更有收获时的喜悦，在本书即将出版之际，千言万语难表心中感激之情。

我于1972年10月出生于安徽省宿州市的一个农村家庭里，从小一直在农村生活、学习、成长，不仅直接感受到改革开放给农村带来的巨大变化，而且对城乡之间基础建设、社会事业及生活水平的巨大差距有着切身的体会，因此，对国家制定的各项农业扶持政策倍感欢欣鼓舞，也对自己选择从事农业经济问题的研究感到自豪。

本书是本人主持的教育部人文社科青年项目《基于农户视角农业技术推广绩效研究——以小麦主导品种为例》(10YJC790419)的研究成果，是在本人博士毕业论文基础之上完善而成的。在南京农业大学攻读博士期间，是我付出最多、收获最丰富的三年。博士论文是在导师陈超教授的指导下完成的，论文从选题、构思直至最后文章定稿，无不凝聚着导师的心血。陈老师严谨的治学态度、平易近人的工作作风都使本人终生难忘，在此谨向导师陈超教授表达我最衷心的感谢。

感谢本人硕士导师上海财经大学的曹建华教授，曹老师在本人硕士学习期间的点拨与鼓励，让我踏进农业经济管理研究的大门，并树立了进一步深造的信心与决心。

在博士论文的构思中有幸得到了中国水稻研究所副所长、科技入户水稻首席专家廖西元研究员的指导，使得论文思路更加清晰。中国水稻研究所的王志刚、申红芳同志也为本书提供了大量有价值的信息及参考意见，在此表示深深的谢意。

在南京农业大学学习期间，我有幸聆听经济管理学院多位老师的精彩讲解，他们是钟甫宁教授、周应恒教授、陈东平教授、应瑞瑶教授、王树进教授、周曙东教授、朱晶教授、王凯教授、徐翔教授、苏群教授、周宏教授、林光华副教授，正是他们的点拨让我坚定了终生从事农业经济研究的信念。同时，还要感谢谭涛副教授、朱毅华博士在学习中给予了我帮助。

感谢博士毕业预答辩小组各位专家为本书提出的具有重要价值的修改意见，他们是王怀明教授、应瑞瑶教授、王凯教授、林光华副教授。匿名评阅专家及答辩委员刘思峰教授、许长新教授、朱晶教授、陈东平教授、苏群教授、周宏教授也对本书提出了具有重要价值的修改意见，正是他们的真知灼见使本书得到了进一步的完善。

感谢本师门的展进涛博士、周宁博士、李纪生博士、张蕾博士、李寅秋博士、唐力博士、石成玉博士对论文构思及修改提出的极具价值的参考意见。三年的学习中还要感谢同一宿舍的赵建东博士、严斌剑博士、王太祥博士、王军英博士、朱洪龙博士、郭斌博士、王刚博士，感谢他们在三年生活学习中给予我热情的帮助。

在攻读博士学位期间，一直得到淮北师范大学计算机科学与技术学院的领导和同事的大力支持与帮助，为我解决了不少生活与工作上的困难，他们是朱昌杰院长、杨广君书记、洪留荣副院长、宋万干副院长、胡国亮老师、汪正宏老师、李建国老师、张兴旺老师、王松玲老师、吴昕铮老师、葛方振博士，在此对他们表示衷心的感谢。

在数据调研过程中得到宿州市、淮北市多名农业技术推广人员的热情帮助，在此表示衷心的感谢，还要对参与调研的淮北师范大学多名在校大学生付出的辛苦劳动表示感谢。

专著的完成是一个漫长的过程，其得以顺利完成离不开家人的支持和鼓励，感谢妻子李玉侠女士，多年以来一直默默地奉献，使我能有足够的时间与精力投入到学业当中，儿子庄书恒活泼可爱，为我不断克服困难增添了无尽勇气和力量。感谢我父母多年来的支持，在攻读博士学位最为关键的时刻，我亲爱的父亲不幸离我而去，从小父亲就对我寄予厚望，一直鼓励我努力学习，却没有等到我获得博士学位的那一刻就撒手而去，只愿远在天堂之上的父亲能够分享到我成功的喜悦。感谢岳父岳母多年以来对我家庭的关心与支持，使我免除许多后顾之忧。

本书的顺利出版得到淮北师范大学管理学院赵卫东书记、卓翔之教授的大力支持，经济学院戴凤礼院长对本书提出了许多具有价值的修改意见，在此表示衷心的感谢！

在学习及工作中，本人得到了管理学院多位同事的关心和支持，他们是孙富安老师、仇多利老师、汪正宏老师、任明枢老师、郭艳艳老师、凌莉老师、宫兵老师、郭宝老师、陈浩老师、薛书蕾老师、李晓征老师、黄海平老师、张文健老师、王妮娜老师、韩冰老师，在此表示感谢！

再次感谢所有帮助过我的老师、同学、同事及朋友！

庄 道 元

2012 年 10 月 5 日

于淮北师范大学相山校区